U0363447

Waiting for a Bloom
A Brief History of Plants in Fossils

等一朵花开
化石中的植物简史

湖南省地质博物馆◎编著

李倩◎主编

钟琦 傅强◎著 何玲◎绘

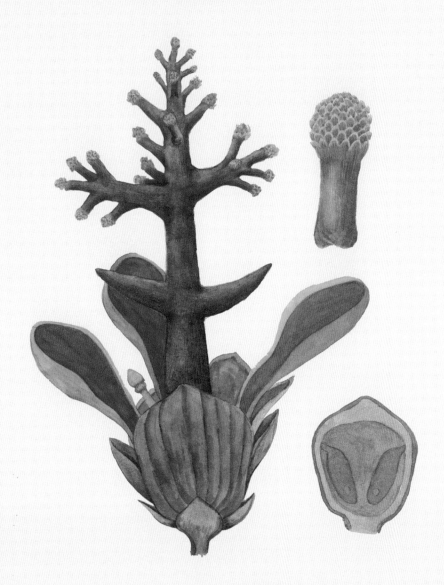

C'S K 湖南科学技术出版社·长沙

A Brief History of Plants in Fossils

Waiting for a Bloom

A Brief History of Plants in Fossils

编委会

顾　　问：贺龙泉

主　　编：李　倩

副主编：楚　琳　　　钟　琦　　　高少文　　　刘　立

著　　者：钟　琦　　　傅　强

插　　画：何　玲

成　　员：黎职强　　　魏博磊　　　龚　淼　　　旷倩煜
　　　　　　李芋霖　　　陈　苏

推荐语

本书内容扼要全面，文字生动优美，图片美观。对年轻学子和地质学、古生物学爱好者应该是一本很有益的科普读物。

——周志炎（中国科学院院士）

38亿年生命演化波澜壮阔，5亿年植物陆地征程迷离扑朔。新书聚焦百余年中国古植物有哪些重大发现，植物何时诞生，第一朵花何时绽放。原创新图，图文并茂，给读者以智慧与启迪，特此推荐。

——戎嘉余（中国科学院院士）

从荒漠的星球到色彩斑斓的世界，植物进化经历了漫长的岁月，从无到有，从孢子到种子，再到果实，不断繁衍生息，点缀着今天的绿色星球。该书透过植物化石，以画为媒，形象地再现了亿万年前遗留在地层中的植物生命的面貌，使科学与艺术完美融合，在传播科学知识的同时，能够让读者欣赏到生命之美。更重要的是，阅读此书，尊重生命、热爱自然的种子会深深地扎根在读者心中。

——孟庆金（国家自然博物馆前馆长）

带着疑问追本溯源，与达尔文一道思索花朵，探究"讨厌之谜"。艺术复原科学慧眼，漫游缤纷史前植物王国，踏上"寻花之旅"。读《等一朵花开：化石中的植物简史》，一窥"演化传奇"。

——尹传红（中国科普作家协会副理事长，
国家林业和草原局林草科普首席专家）

Waiting for a Bloom
A Brief History of Plants in Fossils

作者前言

在浩瀚的自然王国中，花朵是植物繁衍后代的重要"法宝"。那些美丽动人的花儿形状各异、颜色艳丽、芳香独特，成功吸引到无数昆虫前来传粉，大大加速了植物间的基因交流，丰富了被子植物的多样性，让我们的世界看起来五彩斑斓。但是，花朵是什么时候出现的，是如何演化而来的，至今还是令科学界着迷的世界性难题。

进化论奠基人达尔文把这个无法解释的现象称为"讨厌之谜"。他发现，从当时已经找到的化石来看，在距今1.1亿年左右的史前时代，花朵已经遍布地球。但如果再往前追溯，这些会开花的植物，就神秘地失踪了。如果找不到它们演化的证据，这将完全违背达尔文自己提出的关于物种逐渐进化的观点。从此，全球的古植物学家、生物学家踏上了漫漫的"寻花之旅"，试图从地史长河的化石中找到地球的"第一朵花"。

化石是我们了解过往生命历程的一把钥匙。无论是寒武纪生命大爆发、白垩纪末生命大灭绝，还是第四纪冰川的退却，化石成了生命遗留在地层中的深深烙印。在本书中，我们将以远古的植物化石为原证，以权威的古植物研究成果和精美的史前植物复原画来恢复植物的进化历程，直观再现植物王国从无到有，从登陆到塑造全球生境的过程，试图让热爱科学的读者从中窥探到自然进化的奥秘，更加珍爱我们这个物种繁茂、生机盎然的地球家园。

没准，你就是那个揭开花朵进化之谜的第一人！

序

我们每个人来到世界上之后，都会用眼睛看周围的事物，用耳朵听周围的声音，用手和脚感知所能接触到的东西。我们在父母、老师的教育下，在亲戚、朋友的影响下，不断成长，不断认识世间万物，形成自己的知识体系和认知。

世界到底是什么样的？我们头顶有蓝天、白云、太阳、月亮，以及数不清的星星，地上有山川、湖泊、海洋，以及无以计数的生命，我们生活在一个复杂的世界中。

一个人的所见所闻，范围极其有限，我们的知识几乎全部是间接得来的。师长告诉我们地球是圆的，太阳并不绕着地球转动，海水是咸的，鸟儿的羽毛和昆虫的翅膀本身并没有颜色……有些我们可以去验证，哪怕已经经过了无数人的验证；有些我们只能听从老师讲解和书上的说明，看证据是否充分，逻辑是否严密。

就这样，随着时间的流淌，一代又一代的人不断发现新的事物，提出新的观点以替换旧有的认识，我们对世界的认识越来越接近它本来的面貌。

植物是我们身边最常见的事物之一，人类几乎须臾都无法离开植物。地球上的植物很多，植物学家统计目前地球上生活着至少35万种植物。这些植物差异很大，有高达一百米的参天巨树，有微小不起眼的苔藓植物。尽管千差万别，它们可能都来自几亿年前的同一个祖先，它们几乎都能进行光合作用，利用水和二氧化碳等合成有机物，释放氧气，支撑着地球生态系统的运转。

植物到底是什么时候开始出现的？科学家尚无法给出准确的说法，但科学家知道在大约5亿年前陆地上就有植物的身影了，也知道随着时间的推移，随着早期类群的消失，不断有新类群出现，从森林到草原，从裸子植物到开花植物，植物家族越来越壮大，地球也变得越来越美丽。

我们无法乘坐时光机回到远古时期看一看究竟，我们对植物演化历史的认知，主要来自植物化石。人类对于化石的认识，从懵懂与充满想象，到认清其本质，经历了漫长的岁月。在一代又一代学者的努力下，对植物化石的研究成了一门独立的学科——古植物学。

中国的古植物学始于二十世纪初，从确定煤系地层，到认识远古植物，从寥寥数人踔厉前行，到人才辈出群星璀璨，业已走过了一百多年的时光。在这期间，有无数的新发现，也产生过很多错误的认识，但无论如何，这都是科学的一部分。在数代人协力前行的共同事业中，中国的古植物学家发现了很多重要的植物化石，增进了人类对于植物演化历史的认识。

相对于远古动物，人类对于远古植物的关注似乎要少很多，除了辽宁古果等少数几种能在大众媒体上得到报道外，大多植物化石的研究成果都不被公众所知。科学研究是一宗集体事业，任何成果都是这一集体事业的一部分。

为了彰显这种集体性，本书选择了部分比较重要的发现，并请艺术家何玲先生根据学术论文中的化石复原图重新绘制植物样貌，欲以简练通俗的文字和精美的复原图，勾勒出植物演化的历史，展示中国古植物学家的部分成果。

　　对于植物的复原，虽然有化石为依据，但也无法重现它们真实的样貌，复原图很大程度上是概念性的，是为方便公众增进理解的。

　　由于化石保存通常都不完整，人们能够从化石中获得的信息往往并不全面，经常会出现不同人对同一标本有不同解读的情况，从而导致学者间常有争议。对此，只要不存在标本造假，只要言之有据，进行了实实在在工作，所有的争议和不同意见都是可以理解的，都是正常现象。

　　诚如已故著名古生物学家金玉玕院士在文章中所写："研究者如果能抱着科学、谦逊的态度，实事求是地援引和评价他人的思想、材料和成果，他的品格和学术水平都会恰如其分地得到同行的尊重。即使是错误的鉴定、片面的观点，只要论述是诚实的，允许别人考察和讨论，就不是有意骗人的东西，对于科学进步会有一定的意义。"

　　本书的内容是中国古植物学家集体智慧和努力的缩影，同时也是向中国所有从事古植物学研究工作的人的致敬！

傅强

目 录
Contents

第一章
Chapter 1

前 传

人是古猿演变而来的吗？鸟类是从恐龙演化而来的吗？恐龙真的完全灭绝了吗？大冰期是不是真的有那么冷呀？……随着认识的一步步向前推进，我们多多少少对远古生命世界有了一些了解，奇虾、恐鱼、霸王龙……总有几个远古生物的名字会时不时跳进我们的日常生活。但提起远古植物，大家却知之甚少，我们好像习惯了植物的存在，从来没想过它们是怎么演化来的！

　　这实在是委屈了这些植物！要知道，如果没有植物，那些活蹦乱跳的动物是根本无法生存的。实际上，植物和动物一样，都经历了漫长的演化，才变成我们今天所看到的模样。

而花儿作为植物中的"显眼包"，无时无刻不在生活中提醒着人们它们的存在，"小园几许，收尽春光。有桃花红，李花白，菜花黄。"从古到今，人们无不被花朵的美丽所感动。

　　但是花是怎样形成的？地球是何时开出第一朵花的呢？就让我们一起乘坐"时光穿梭机"，去探寻世界上第一朵花吧。

　　不过在花开之前，关于植物，我们还有很多故事要讲。

◎ 生命的起源

如果把地球已经存在了46亿年的时间看作1天，人类大概在最后1分钟才出现，而目前人类已知的第一朵花也是赶在最后一个小时内才在这个世界上绽放的。那么，更早的时候，我们的地球它在经历什么呢？

地球的"凌晨"如同人间的凌晨，一切显得格外安静。直到"清晨"五点左右，一种叫蓝藻的生物开始奏响生命的乐章。蓝藻又叫蓝细菌，是一种单细胞原核生物，生活在淡水和海水中，是地球上能独立存活的最早生命体。它虽然没有现代植物所拥有的叶绿体，但拥有叶绿素a，能够进行光合作用并释放氧气，这无疑为后来的生物创造了生存条件。

只是，蓝藻的"铺垫"确实够长。在蓝藻的乐章奏响后的30多亿年里，地球的陆地上仍是一片荒凉。一直到"晚上"九点多，地球才迎来"寒武纪生命大爆发"，各种动物齐齐亮相，接着开始了由海洋到陆地的尝试。

苔藓和裸蕨植物作为最早的探险者，通过自身的本领，努力适应陆地的生活；

昆虫和两栖动物在陆地上繁荣，陆地被森林覆盖；

爬行动物出现，成为联合古陆的王者；

恐龙称霸又衰落灭绝，其中一支演化出如今的鸟类；

显花植物开始开花，被子植物的时代随之开启……

所以，把蓝藻写进古生物这本书的"第一页"，再合适不过了吧？

◎ 叠层石和蓝藻

我们已经知道，距今30多亿年前，蓝藻就已经出现在地球上，地球发生的巨变可谓沧海桑田，我们还能找到当时的蓝藻吗？蓝藻的许多种类或许已经消失在时间的洪流中，但一种叫叠层石的化石为我们提供了它们曾经存在的证据。

作为化石，叠层石或许并不如你想的那般难以见到。我们国家的叠层石分布十分广泛，并且很多叠层石如今已是优良的建筑石材，比如在人民大会堂，就能看到叠层石做成的地砖。那些像树木的年轮一样，有着明暗相间的纹层的化石，确实有很高的审美价值。

说到这里，你一定要问了：叠层石和蓝藻究竟有什么关系？

我们不妨这么比喻：叠层石是蓝藻等微生物在地球上留下的"画作"，是地球生命进化和环境变化重要信息的记录者。

起初，蓝藻只是附着在岩石上，但由于蓝藻会分泌如同胶水一般的黏性物质，它一边生长，一边还能将海水中携带的泥沙等沉积物固定在岩石上，久而久之，就形成了深浅相间的叠层石。如今，叠层石为我们破解了蓝藻的秘密，让我们找到了植物的"起点"。

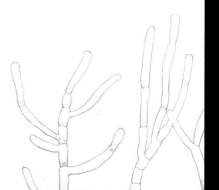

叠层石 (Stromatolites)

距今约8亿~38亿年。

叠层石是沉积颗粒在蓝藻（蓝细菌）等微体生物的作用下形成的沉积结构，是地球生命早期进化的主要见证者。

◎ **何为植物**？

虽说在日常生活中植物随处可见，每个人也都有自己喜欢的花花草草，但真的要说清楚什么是植物，却不是件容易的事。

很久以前，人们将地球上的生物分成了植物和动物两大类。这样分类的影响一直持续到今天，在很多人的眼中，那些固定在地上不能动的生物都是植物。

依据这样的认识，我们多半不会认错动植物。然而随着研究的深入，科学家们又相继提出了"三界系统""四界系统""五界系统""六界系统"，于是生物的分类更细了，一些信息甚至颠覆了我们的认知。

比如，经常出现在我们餐桌上的蘑菇，已经不再被认为是一种植物，而是一种真菌！而且，它们实际上与植物的亲缘关系很远，反而与动物的亲缘关系更近。

还有，原本被视为植物的藻类其实是一个大杂烩，包含了很多亲缘关系很遥远的类群。这些藻类起源的时间都非常久远，其中有一些演化关系非常紧密，现在我们所常见的陆地上各种绿色植物都是它们的后代。这些绿色植物包括传统意义上的绿藻类和所有的陆生植物，这里的陆生植物就是我们普通人常说的植物。

最后，为了便于归类，生物学家们将灰藻类、红藻类和绿色植物等，统称为广义的植物。

蓝田生物群

　　蓝田生物群发现于安徽省休宁县蓝田镇，化石保存在埃迪卡拉纪早期蓝田组的黑色页岩中，是已知最古老的复杂宏体生物群之一，既包含了呈扇状、丛状生长的海藻，也包含具触手和形态类似现代腔肠动物的后生动物。这一特殊埋藏的生物群的发现表明了微体真核生物在新元古代大冰期结束后迅速演化出宏体形态，它们固着生活在水较深的、安静的海底。

龙凤山藻 (*Longfengshania*)

距今约8.5亿~9亿年，最早由地质古生物学家杜汝霖教授发现。

在系统分类上，它们接近于褐藻门海带目海带科的一些分子，似为海带目的早期原始类型，但与海带科区别较大。

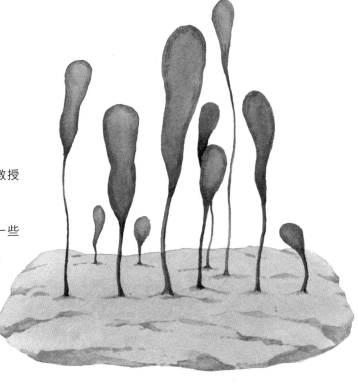

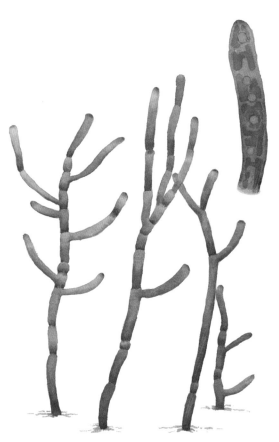

元古先枝藻
（*Proterocladus antiquus*）

时代为中新元古代最末期至拉伸纪初期。

元古先枝藻是绿藻的一种，只有几毫米长，藻丝体宽度也只有几十微米。虽然它们非常小，但却是生物进化史上的巨人——元古先枝藻是最早拥有确切生物属性的多细胞藻类之一。

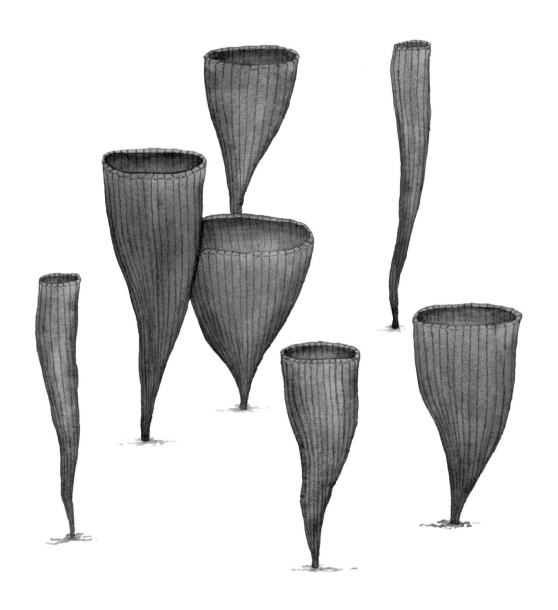

扇形藻（*Flabellophyton*）

距今约6亿年，产自安徽休宁蓝田镇。

扇形藻的藻体呈扇形，十几到几十毫米长，边缘规则，由多列丝状体紧密排列而成，底部具有固着器。藻体生活时可能为中空的圆锥状。

轮 藻

（Charophytes）

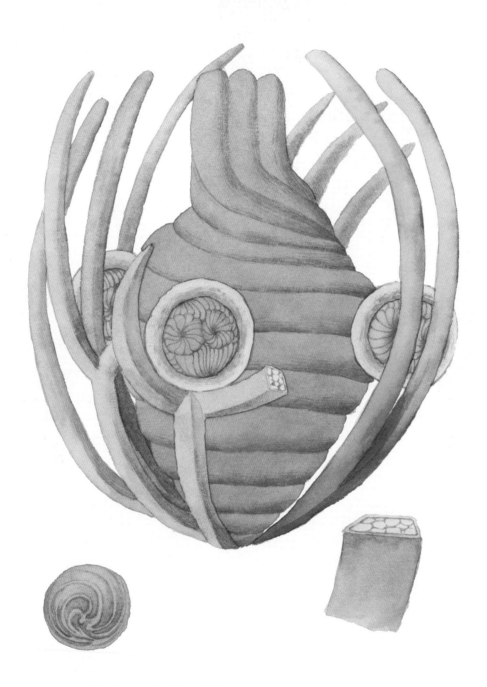

最早可以追溯到4.25亿年前的志留纪。

轮藻属于绿藻类的一支，与陆生植物的亲缘关系最近。现生轮藻均生活在淡水环境

中，这彰示着维管植物可能起源于陆地淡水环境。

南京藻

(*Nanjinophycus*)

发现于南京二叠纪地层中。

南京藻形态上可能属于红藻门或者绿藻门，其节片表面所具有的孢子囊孔穴构造证实了它们的红藻属性，暂时归于红藻门裸海松藻科。

第二章
Chapter 2

从荒寂陆地到生机盎然

作为"躺平界"的鼻祖，苔藓拥有自己的生存哲学。

在大自然中，默默无闻的苔藓更像是中国画的留白，每当你注意到它，必然是漫不经心时的意外发现，但往往经历过这种毫无防备的初次见面后，你定会被苔藓那俊俏、可爱的面容所惊艳到！

"应怜屐齿印苍苔，小扣柴扉久不开"，叶绍翁的诗让苔藓变得平易近人。它们也确实易于接近。作为最初登上陆地的植物，大约5亿年来，它们没有进化成大树，也没有开花，而是把时间花在涵养水源和培养土壤上。

苔藓总是跟沼泽挂钩，这不奇怪，两者可以说是相辅相成。比如分布在高山上的湿地，很多都是近千万年来，泥炭藓、金发藓不断累积水分、分解土壤形成的。

首先是一片苔藓从石头表面冒出来，随着时间的推移，它们的根系不断啃食着矿物质，一代又一代的苔藓枯萎后，形成肥沃的泥土，涵养水分，而新的苔藓又从泥土中冒出。苔藓的吸水能力极强，是世界上吸水能力最强的植物。在苔藓家族中，泥炭藓将吸水保水的能力发挥到了极致，它们甚至可以吸收自己体重20倍的水分。苔藓细胞即使已经死去，也仍然拥有吸水和存水的能力，这些死细胞会包裹在活细胞周围，就像海绵一样储存着大量的水分，让活细胞可以在湿润的环境下生存。死去的苔藓不仅可以储水，腐烂后还会一层层累积，这一过程不断地持续下去，就会形成吞噬人的沼泽。

在《指环王》三部曲中，涉及沼泽地带的场景总是充满恐怖的氛围，例如弗罗多和山姆穿过死亡沼泽来到魔多的黑门前。这是一片由无数水塘、软泥潭和水道纵横交错形成的大网，沼泽中长满绿油油的苔藓、地衣以及藻类，一不小心深陷其中就会被吞噬。

不过大多时候，苔藓都是人畜无害的，甚至是可爱呆萌的。它们没有进化出维管束，无法长高，于是就横向扩张。一般苔藓都是成片出现，附着在地表。特别是森林的树冠下，土壤表面往往覆盖一层厚厚的苔藓，走上去犹如踩在面包上，软绵绵的。落日的光线穿过森林透射而来，形成闻名遐迩的丁达尔效应。一条条光柱斜照在苔藓上，发出梦幻般的柔光，立刻让人想起唐代诗人王维的那首《鹿柴》：

"空山不见人，但闻人语响。

返景入深林，复照青苔上。"

就是这么不起眼的苔藓，迈出了植物从海洋到陆地的第一步。它们看起来谦逊可爱，可着实干了一件开天辟地的大事。它们储存水分，分解土壤，为后来登陆的生物提供栖居之所。但是苔藓没有维管束，无法长得更高，于是另一个迫在眉睫的难题又摆在植物面前——"学会站立"。是谁接过了苔藓手中的进化接力棒呢？

◎ 苔藓：登陆的先锋

毫无疑问，苔藓是最早登上陆地的植物。

如今我们能在各个地方看到苔藓，如阴湿的土地、树干、屋顶和石头缝里。唐代文学家刘禹锡曾在《陋室铭》中描写："苔痕上阶绿，草色入帘青。"自古以来，苔藓就代表着传统的中式美学，古老的石像因为布满苔藓而更添沧桑感，幽静的庭院因为苔藓而更具禅意。

苔藓的个体很小，是植物王国的"小矮人"。但作为最早来到陆地的植物，苔藓是一种高等植物。只是，苔藓在登陆以后几乎没发生什么变化，我们现在看到的苔藓和一两亿年前恐龙所看到的可能并没有太大差别。可以说，苔藓植物脱离了植物进化的"主线任务"。

由于苔藓植物矮小，体内又没有维管组织，保存为化石的概率很小。苔藓植物包括苔类、藓类和角苔类三个类群，苔类和藓类最早的确切化石发现在泥盆纪地层，而角苔类最早的确切化石发现在白垩纪地层，但志留纪的一些孢子有类似于角苔的纹饰，因此推测角苔类可能早已出现。

早前，曾有研究者报道了产自贵州省寒武纪中期凯里组的似苔藓植物化石中华拟真藓，该植物具有典型的苔藓植物特征，叶、孢蒴和囊柄轮生，并具有复杂的假根，因此推测这种似苔藓植物可能是苔藓植物的祖先。

古孢子体

（*Sporogonites*）

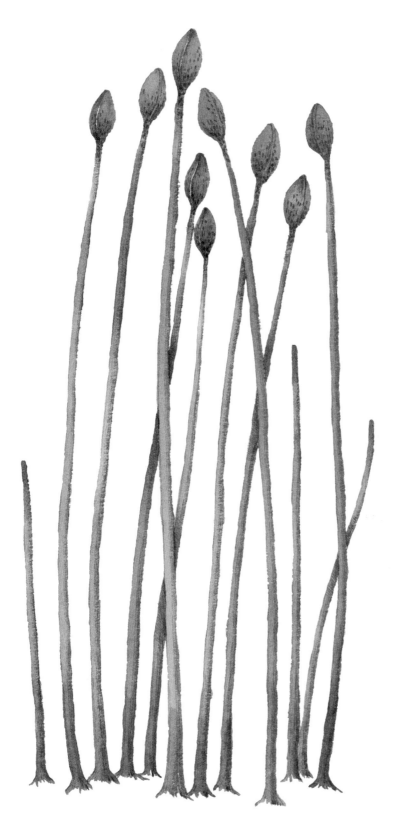

时代为志留纪晚期到泥盆纪早期。

古孢子体是一类非常罕见的化石，具有长柄和一种特别类型的孢子囊，它们很可能属于一组很原始的苔藓植物。

深裂耳叶苔

（*Frullania partita*）

时代为白垩纪，是根据缅甸克钦邦琥珀中的营养枝建立的苔藓植物新种。

其主要特征为营养枝侧叶背瓣呈长卵形或椭圆形，叶尖具细尖，附体大且明显，腹叶深裂成两瓣。

◎ 裸蕨：最古老的陆生维管植物

在植物登陆这项挑战上，绿藻曾经派出了两名选手，一名是苔藓，另一名则是裸蕨。

裸蕨植物的过人之处便在于，它们拥有维管束这种意义非凡的输导组织。维管束就像人体的血管，用来运输水分和养分，同时它还起到支撑植物体的作用，为后来的参天大树的长成打下基础。

如今的陆地表面是维管植物的天下，无论是街道上的行道树，还是农田里的作物，抑或是公园里的花草，都是维管植物。维管植物主要包括以孢子繁殖的石松类和真蕨类，以及以种子繁殖的裸子植物和被子植物。当然，这些都是后话，在登陆的初期，维管植物个体矮小，大都没有叶片，只有不断分枝的茎轴和顶端的繁殖器官孢子囊。

作为早期维管植物的代表，顶囊蕨（或称光蕨）的茎轴很纤细，直径仅仅0.25~1.5毫米，表面光滑，没有任何附属结构，二歧分枝，球形孢子囊顶生。虽然化石保存得并不完整，基部的茎轴不清楚，但根据所发现的部分，科学家推测它们至少能达到十几厘米高。

除了顶囊蕨外，早期的维管植物主要包括三个大类：瑞尼蕨类、工蕨类和三枝蕨类。

瑞尼蕨类的植物体最为简单和矮小，一般都低于10厘米，仅仅为简单的二歧分枝，具有顶生、球状或椭球状孢子囊。它们可能仅仅局限于水边生长，构成简单的地面生态系统。

工蕨类植物最大的特点是，在枝轴顶部组成穗状的侧生孢子囊，它们大都呈肾形，基部有短柄，并有沿着前缘切线开裂以扩散孢子的细胞加厚带。后来一部分工蕨类植物演变成了现代石松类的远祖。

　　三枝蕨类表面上与瑞尼蕨类存在很多相似之处，但其植物体结构更为复杂。三枝蕨类可能是后来许多重要类群，如真蕨植物、原裸子植物和楔叶类植物的演化源头，因此颇受研究者的关注。

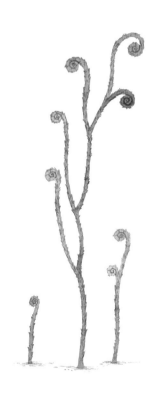

维管植物在志留纪和泥盆纪之交成功登上陆地，奠定了陆生生态系统演化的基础，对地球生物圈产生了深远的影响。

工蕨是最有代表性的早期陆生维管植物之一，主要生存于志留纪晚期到泥盆纪早期。工蕨的植物体矮小，簇状丛生，植株仅25厘米高。近地表的拟根茎部分发生H字形（即工字形）或K字形的特殊分枝，并由此分出二歧分枝的直立枝。

中国工蕨 (*Zosterophyllum sinense*)

时代为早泥盆世，产自广西苍梧，最早由我国著名古植物学家李星学等人研究发表。

中国工蕨呈簇状，地下部分可见各向延伸的密集根系，地上部分的茎轴光滑无叶，孢子囊呈螺旋状疏松地排列在茎轴的顶端，形成孢子囊穗。

西山工蕨 (*Zosterophyllum xishanense*)

时代为志留纪，产自云南曲靖下西山村。

西山工蕨的茎十分纤细，宽约1~2毫米，表面光滑。孢子囊穗位于直立枝的顶端。

胜峰工蕨 (*Zosterophyllum shengfengense*)

时代为早泥盆世，距今4.13亿年，产自云南曲
靖的西屯组地层。

胜峰工蕨是北京大学郝守刚教授和学
生薛进庄在野外考察时偶然发现的，
具有古老的簇生根系。

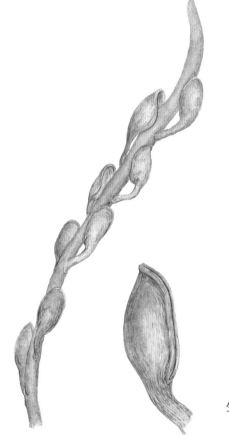

楔囊广南蕨 (*Guangnania cuneata*)

时代为早泥盆世，主要产自云南文山大莲塘村附近。

广南蕨属于工蕨类，具有二叉的分枝，孢子囊呈螺旋状着
生在分枝的顶端，形成集中的生殖区域。

指状链囊蕨

(*Catenalis digitata*)

时代为早泥盆世，产自云南文山坡松冲组。

指状链囊蕨在形态上具有营养区和生殖区的分化，生殖区的末端小枝聚成扇形，沿小枝一侧着生单列孢子囊。指状链囊蕨的形态十分独特，可能代表维管植物的一类祖先或一类新的原始维管植物。

小奇异蕨

(*Adoketophyton parvulum*)

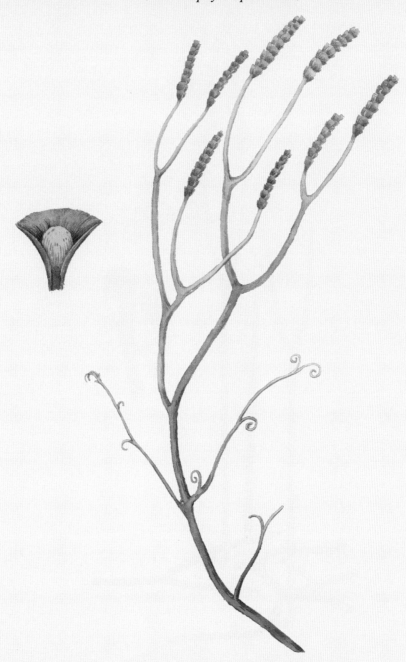

时代为早泥盆世，产自云南下泥盆统（布拉格阶）坡松冲组。

该植物由主茎轴、侧生营养枝、等或不等二分叉的能育轴组成。孢子叶球顶生，包含四列交互对生的成对生殖单元。每一个生殖单元具有一片扇形的孢子叶和一个以短柄着生于孢子叶近轴面基部的孢子囊。

纤 细 先 骕 蕨

(Huia gracilis)

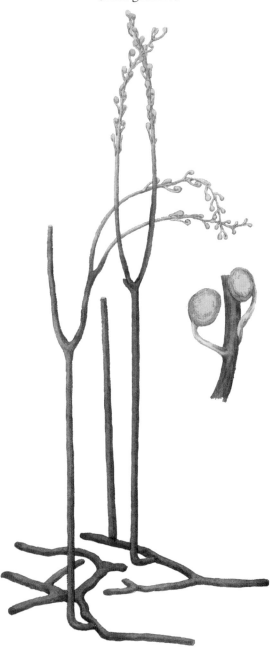

时代为早泥盆世，产自云南曲靖西北郊徐家冲村。

该植物茎轴纤细、光滑，二歧或假二歧分枝，茎轴的末端长有具长柄的椭球形
或长椭球形孢子囊。

回弯徐氏蕨

(*Hsüa deflexa*)

　　时代为早泥盆世，产自云南曲靖徐家冲组附近。

　　没有叶子，茎表面长满刺。回弯徐氏蕨既具有瑞尼蕨类的某些特征，如孢子囊顶生，也具有工蕨类的一些特征，如孢子囊分为均匀的两瓣，边缘加厚，因此其亲缘位置难以确定。

二向苞囊蕨

(*Dibracophyton acrovatum*)

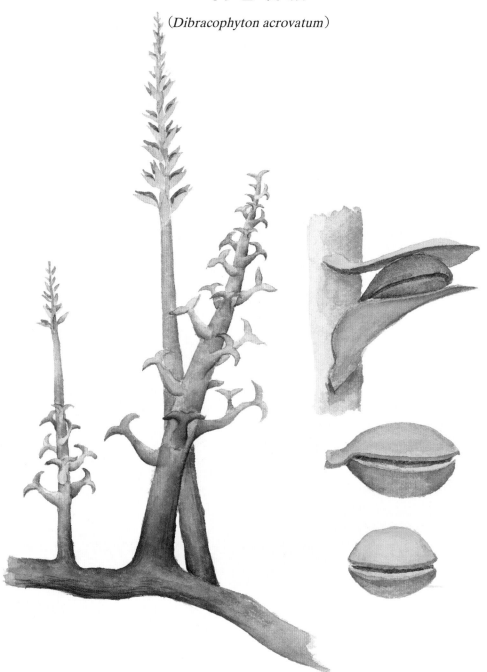

时代为早泥盆世，产自云南文山。

这种植物具有匍匐生长的茎轴，向上伸展形成营养枝和生殖枝。营养枝上具有螺旋排列的二分叉的附属物，生殖枝的末端为孢子囊穗，孢子囊呈不规则的螺旋排列。二向苞囊蕨的特征与其他植物相差较大，分类位置未定。

云南艾斯丁蕨

(*Estinnophyton yunnanense*)

时代为早泥盆世，产自云南文山古木镇的纸厂村。

该植物生殖叶与营养叶的形态相同，聚集在轴上，形成松散的穗状结构。云南艾斯丁蕨可能与原始的楔叶类具有较近的亲缘关系。

第三章
Chapter 3

万木葱茏时

你听过森林的低语吗？

在海拔3000米以上的高山之巅，阳光斜照林地。高大的树木笔直地站立在雾霭之中，阵阵山风呼啸，当你驻足聆听，仿佛能听到树木在浅吟低唱。

那是风吹动树的枝干发出的低频的嘟嘟声，是树皮被扭动时发出的炸裂一般的鼓点声。一棵树发出最初的声响，紧接着一座森林开始奏起交响乐。

尤其在秋季的午后，空气干燥、清新，树木秘密的低语迎来高潮，它们时而俯下身来，与大地交谈，时而仰望天空，与阳光密语。

如果森林会说话，它们会告诉我们什么？它们的族群从遥远的时空走来，越过雪山，占领平原，在无数的日与夜中，生长、繁衍。一代又一代的陆地霸主出现又消失，它们始终守护和支撑着整个生态世界。它们克服了无数的困难，经历了天翻地覆，海枯石烂。它们的故事要从久远的时空说起。

时间快速切回到数十亿年前，那时的陆地上还空空如也、寸草不生，但海洋里却悄悄孕育出了植物的祖先——绿藻。它们兴奋不已、跃跃欲试地向陆地进军，作为植物界开路先锋登场的苔藓就这样踏上了艰难的进化旅程。苔藓、蕨类等植物不断向着更为艰苦的陆地深处进发，它们遇到了限制自身发展的难题，那就是水。以孢子进行繁殖的它们，严重地受到了水分的制约。

这时候，种子植物的优势就凸显出来。种子有着厚厚的种皮，不透水、不透气，便于随时在河道、小溪甚至高山里保存，还有抗寒、抗高温的本领，让植物宝宝们在不利的环境中随时休眠、等待新生。

时间之河继续流淌。一朵小花在大地上盛开，悄然打开的花瓣，让万物披上新颜。花的结构让它能够为植物繁衍提供保障，被子植物得到前所未有的发展，并迅速取代裸子植物成为森林的主人。

从此大地有了不同的色彩，森林出现五彩斑斓的花丛，生活在森林里的生物也开始多样化起来，环境由此改变，生命因此繁衍，文明就此诞生。

最后，开花的森林，完成了对大地的占领。

◎ 蕨类森林

早期维管植物登陆以后，渐渐有了根、茎、叶的分化，也演化出了蕨类这个很大的类群。如今我们常常看到的，不论是餐桌上的蕨菜，绿化带里的毛蕨，还是用于家居装饰的王冠蕨，都是蕨类植物家族的成员。

蕨类植物的幼叶呈卷曲状，像握着一个小拳头，诗人黄庭坚说的"蕨芽初长小儿拳"就很形象地描述了这一特征，我们平时吃的蕨菜，也正是蕨类植物的幼叶。随着时间的推移，拳卷叶会慢慢长开，成为形态各异的羽状复叶，也正因为这美丽的叶片造型，蕨类常常成为艺术家的描绘对象。

蕨类植物不开花，也没有种子，它们都是依靠孢子繁殖。孢子长在孢子囊中，而孢子囊密密麻麻排列在叶片背面——或许你早就见过，只是错把它们当成了虫卵。"孢子"这个词显得比"种子"陌生得多，因为如今已是种子植物的天下，但是在种子植物出现以前，地球上的植物都是靠孢子繁殖呢！待到孢子囊成熟时，它就会自然打开，释放出大量孢子。孢子如同粉尘一般随风飘散，落入潮湿的泥土中，萌发成为一株新的幼苗。

现在我们能看到的蕨类植物基本上都是低矮的植物，但远古的蕨类却能长成巨树，形成了地球早期的森林。尤其是石松类，可谓石炭纪沼泽中的霸主。法国作家凡尔纳曾在作品《地心游记》中描绘过古生代森林的图景，他所提及的"一百英尺高的石松""巨型的封印木"是真实存在的，有的鳞木甚至能长到四五十米高。

然而这些高大的树蕨现在都已灭绝，不过它们用另一种身份陪在了我们身边——

它们死后堆积起来，随着地壳的运动沉入地下被埋葬，隔绝空气，慢慢演变成泥炭。而后沧海桑田、海陆变迁，泥炭在高温、高压等特殊地质条件下，发生一系列物理、化学变化，最终形成了煤。

森林的出现是地球生物圈发展过程中的一件大事，最早的森林出现在中泥盆世，乔木状石松植物就是构成最早森林的关键植物之一。

作为最古老的陆生维管植物之一，石松类植物最早的化石记录可以追溯到约4.2亿年前的志留纪普里道利世。最早的石松类植物与现生的一样，都是低矮的草本类型，后来逐渐演化出高大的乔木类型。

宽叶长穗

（*Longostachys latisporophyllus*）

时代为中泥盆世，产自湖南。

宽叶长穗是一种石松类植物，其孢子囊穗二歧分叉，孢子叶座为纺锤形，螺旋排列，孢子叶呈披针形或匙形，叶边缘具有刺状或发状附属物。

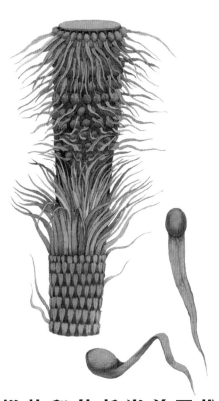

粗壮和什托洛盖石松

（*Hoxtolgaya robusta*）

时代为中泥盆世，是一种产自新疆北部和布克赛尔蒙古自治县和什托洛盖镇附近的乔木状石松类植物。

该植物具有宿存的叶，茎干宽可达12厘米。通常这种类型的植物都是典型的异孢型繁殖，但在对和什托洛盖石松的研究中并未发现大孢子，因此可能为同孢型乔木石松。

多囊纤木

(*Chamaedendron multisporangiatum*)

时代为晚泥盆世，产自湖北武汉。

多囊纤木是一种异孢乔木石松类植物，其最大茎轴宽仅7毫米，孢子叶同形，具齿状边缘，分布在生殖区域，不形成孢子囊穗。

巢 湖 小 穗

(*Minostrobus chaohuensis*)

时代为晚泥盆世，产自安徽巢湖。

巢湖小穗是一种异孢石松类植物，具单性或双性孢子叶球，孢子叶以20°~30°的角度着生于茎轴，具短柄，近轴面着生球形或椭圆形的孢子囊，孢子囊无柄。每个大孢子囊里生有四个大孢子。

宜兴串囊穗

（*Monilistrobus yixingensis*）

时代为晚泥盆世，产自长江下游的五通组。

宜兴串囊穗是一种石松类植物，其最大的特点是营养叶和孢子叶在同一茎轴上按一定距离交替出现，似"项链状"，孢子叶近轴面着生椭球形的孢子囊，孢子叶在茎轴顶端或中部（包括分叉处）聚集形成居间的似孢子叶球状结构。这一特征可能反映了该植物具有周期性的生殖生长特性。

美丽守刚蕨

（*Shougangia bella*）

时代为晚泥盆世，主要产自安徽巢湖和江苏南京。

　　美丽守刚蕨的名字源自著名古植物学家郝守刚教授。作为一种类似真蕨类的早期蕨类植物，守刚蕨具有分裂的扁平的叶片，部分匍匐的茎上长有不定根，主枝直立，二级枝螺旋排列。

斜方薄皮木

(*Leptophloeum rhombicum*)

时代为晚泥盆世。

斜方薄皮木是泥盆纪晚期最常见的标志性植物之一，化石多为茎干印痕。其茎干直立，侧枝二歧分枝，分布在树干的顶部。茎干上叶片脱落后留下的叶座较大，呈菱形或斜方形，相互挤紧，螺旋状排列。

松滋亚鳞木

（*Sublepidodendron songziense*）

时代为晚泥盆世，产自湖北松滋刘家场镇。

亚鳞木属是广义的水韭目成员，可能代表了一个进化程度较高的木本石松植物演化

支系或鳞木科的祖先类群之一。

轮 生 钩 蕨

(*Hamatophyton verticillatum*)

时代为晚泥盆世到早石炭世，是一种原始的楔叶类植物。

轮生钩蕨的茎轴为假单轴分枝，具有节，节间具纵脊。营养叶轮生于茎轴的节上，生殖枝顶生或侧生于节上。在生殖枝主轴的同一节上，有时出现轮生的孢子囊柄和单个生殖侧枝。

楔 叶

(*Sphenophyllum*)

· 龙潭楔叶

· 范湾楔叶

· 长兴楔叶

最早可以追溯到泥盆纪，是石炭纪和二叠纪常见的木贼类植物。

中国华南的晚泥盆世地层中保存有多种楔叶属植物，最著名的有龙潭楔叶、长兴楔叶，以及新发现的范湾楔叶。

芦木巨树

(Giant Calamite Tree)

时代为石炭纪到二叠纪。

芦木是一类已经灭绝的有节类植物，其高度可达18米，是石炭纪至二叠纪成煤植物的主力军之一。德国开姆尼茨早二叠世化石森林中产有巨大的硅化芦木，双纹节髓木（*Arthropitys bistriata*）是其中的代表，其高度超过10米，分枝至少有三级，形成一个大树冠。

光隆古芦穗

(*Palaeostachya guanglongii*)

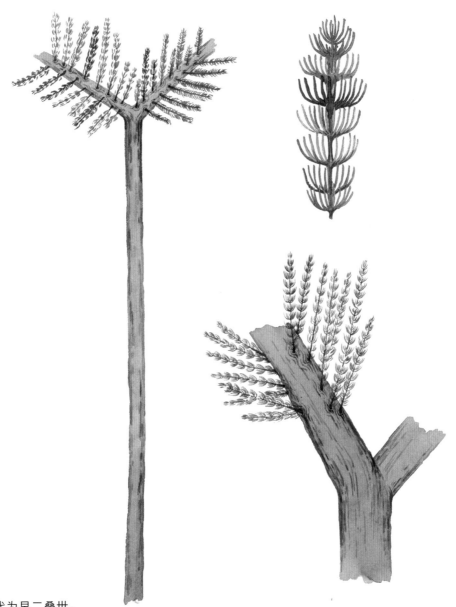

时代为早二叠世。

　　光隆古芦穗实际上仅是这种植物的繁殖器官的名称，而这种植物的营养器官枝叶的名字为长星叶。这一点也反映了古植物学的一个重要特点：由于化石的保存经常是零散的，同一种植物的不同器官往往没有连在一起，古植物学家为了认识的方便，只能将这些零散的器官命名为不同的器官属种。

　　得益于内蒙古乌海市"植物庞贝城"的化石保存，古植物学家成功将光隆古芦穗和长星叶联系在一起，成为一种完整的植物。这种植物高可达2米多，顶端二分叉，细长的叶子轮生在枝条上。

东方星囊蕨

(*Asterotheca orientalis*)

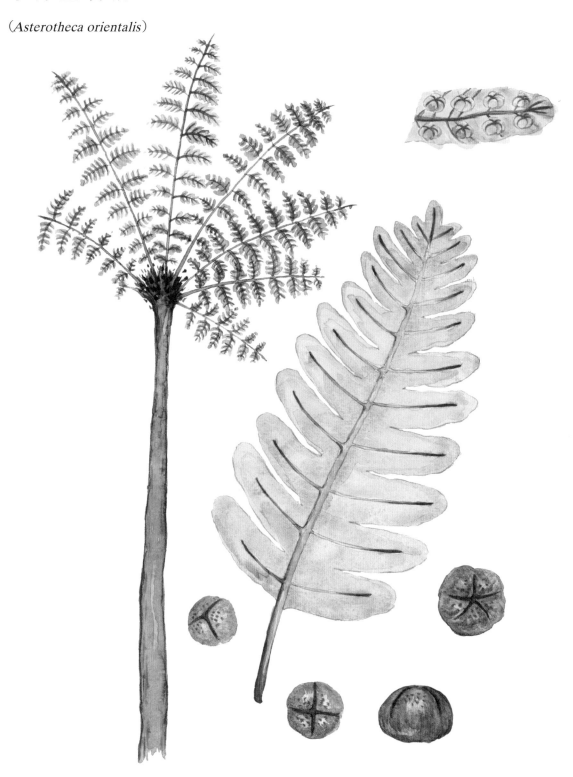

时代为二叠纪。

东方星囊蕨是一种在东亚地区广泛分布的蕨类植物，是我国华北二叠纪早期植物群的代表性种类。

◎ "真正的" 树

"大树底下好乘凉"，我们常常这样说，但如果我们有机会见到最早的树，会发现还真没有可以乘凉的地方。

如果我们从化石复原图去观察前面提到过的石松类，会发现它们长得像一根根柱子。和现代树木的开枝散叶不同，它们似乎只顾着长高，只在树冠最顶端长出散发孢子的孢子叶穗。

此外，石松也没有现生树木那般厚实的次生木质部，它们虽然高大，但支撑它们身体的是厚厚的树皮，坚韧程度自然也比不上如今的树木。

然而，植物演化的进程中，有一种古羊齿植物的出现可谓神奇。研究者们在泥盆纪后期的地层中发现了一些古羊齿化石，它们有着类似蕨类植物的枝叶，美国古植物学家贝克（C.B.Beck）还意外地发现它们实际上是次生生长！也就是说，古羊齿有着蕨类植物的枝叶，却已经拥有了裸子植物的树干。古羊齿也就成了这种兼有蕨类和裸子植物特征的植物名称。它们也被称作前裸子植物，但与裸子植物不同，它们仍靠孢子进行繁殖。

植物庞贝城

　　植物庞贝城是指在内蒙古乌海市乌达煤田发现的，由降落的火山灰原地埋藏的一座距今约3亿年的沼泽森林。其保存方式与意大利庞贝城颇为相似，故被称为"植物庞贝城"。"植物庞贝城"植物群是目前世界上已知规模最大的原位埋藏植物群落，包括石松类、有节类、真蕨类、种子蕨类、瓢叶目、科达类、苏铁类等多个植物类群，为深入认识华夏植物群的组成、群落结构提供了重要证据。

乌达拟齿叶

(*Paratingia wudensis*)

时代为石炭纪到二叠纪早期。

瓢叶目是距今2.52亿~3.23亿年、常见于煤系地层的一类古老植物，现已发现20余属50余种，是华夏植物群中特有和代表性成员。

内蒙古乌海市的"植物庞贝城"中保存的瓢叶类植物——乌海拟齿叶化石异常精美，显示其同时具有孢子植物的繁殖方式和裸子植物的木材结构，因此属于典型的前裸子植物！它们的发现揭示了孢子植物向种子植物演化进程中的重要环节。

联合齿叶

（*Tingia unita*）

时代为早二叠世。

　　联合齿叶是另一种瓢叶目植物，可生长在成煤沼泽环境。植物整体上为小乔木，枝条和孢子囊穗构成树冠。

◎ 最早拥有种子的植物

随着森林的发展，维管植物的生殖方式也在发生变化，能够产生种子的植物出现了。它们如同前面提到的古羊齿，也长着类似真蕨类植物的叶片，所以又被称为种子蕨。

正如前裸子植物不是裸子植物，因为它们靠孢子繁殖；种子蕨也不是蕨类植物，因为它们已经有了种子。种子蕨的成员十分庞杂，后来的苏铁类植物等裸子植物，甚至被子植物，都可能是从其中衍生而来。

种子蕨繁盛于石炭纪和二叠纪，其中少数属种延续到了三叠纪和侏罗纪。种子蕨是当时地球上最成功的陆生植物类群之一，以种子蕨为主的森林在古生代晚期遍及整个世界。

大羽羊齿是一类著名的种子蕨，是二叠纪晚期华夏植物群的典型代表植物，该植物群也被称为大羽羊齿植物群。大羽羊齿的名字因其叶大而来，有些叶长达30厘米，宽达15厘米，在亚洲东部广泛分布。大羽羊齿类是二叠纪高度特化的类群，二叠纪、三叠纪之交，巨大的生态危机导致了华夏植物群的集群灭绝，大羽羊齿大部分在二叠纪末就已消失，只有少数残存到了早三叠世。

湘乡须羊齿

(*Rhodeopteridium hsianghsiangense*)

时代为早石炭世，由我国著名古植物学家斯行健研究确立。

须羊齿是一类常见的种子蕨，在北美、欧洲以及我国多地均有发现。湘乡须羊齿化石主要产自湖南、江西、广东等地。湘乡须羊齿叶中部和基部区域的末次叶轴上长有8~9毫米长、6毫米宽的种子，种子呈卵形，表面光滑，顶端变细。

肾叶髻子羊齿

(*Nystroemia reniformis*)

时代为早二叠世。

　　肾叶髻子羊齿是一种产自晚古生代华夏植物群的代表性植物。这类植物的胚珠器官呈现出许多原始特征，如数量大而个体小的水生种子蕨型种子，及其羽状排列的方式，主要见于泥盆纪到石炭纪等更早期的种子植物。但叶子具长柄和发育较完善的叶片显然是进化程度较高的特征，在中生代以来的裸子植物中更常见。

开姆尼茨斯特泽尔囊

(*Sterzelitheca chemnitzensis*)

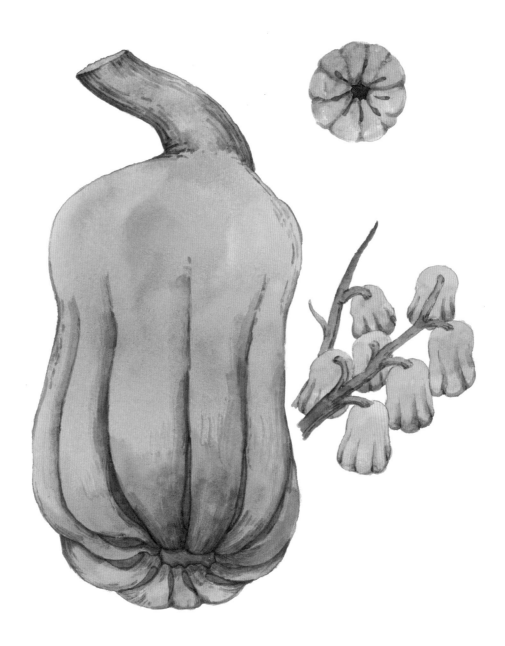

时代为早二叠世。

　　开姆尼茨斯特泽尔囊是一种产自德国开姆尼茨硅化木森林的髓木类植物，化石保存为着生互生聚合囊的二回羽状生殖枝。该植物的属名来源于德国开姆尼茨自然博物馆的创始馆长约翰·特劳格特·斯特泽尔（Johann Traugott Sterzel）。

福建单网羊齿

(*Gigantonomia fukienensis*)

时代为二叠纪。

大羽羊齿类植物最早是根据德国地质学家李希霍芬在湖南采集的标本建立的一类具有大叶的植物类群，大羽羊齿类长期被认为属于种子蕨类，但唯一发现有种子着生的标本产自福建龙岩的晚二叠世地层。

云贵刺藤

(*Aculeovinea yunguiensis*)

时代为晚二叠世，产自贵州盘县。

云贵刺藤是一种大羽羊齿类植物，茎纤细，长有很多刺。这是一种独特的种子植物，其细长的茎和大叶表明它有藤本植物习性，生长在二叠纪的热带雨林中。

中生代种子蕨是一类已灭绝的种子植物，包括盾籽植物、开通植物和盔籽植物在内的中生代种子蕨和二叠纪的舌羊齿类一起，被认为是了解种子植物系统发育和被子植物起源的关键类群。

亚洲乌姆科马斯果

（*Umkomasia asiatica*）

时代为晚三叠世，产自辽宁西部羊草沟组地层。

亚洲乌姆科马斯果是一种盔籽植物，其化石为盔形种子科雌性生殖枝，主轴至少长6.5厘米，每一侧枝上至少着生一到三对具柄的卵形壳斗。

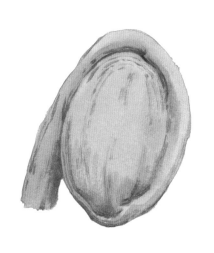

蒙古乌姆科马斯果

（*Umkomasia mongolica*）

时代为早白垩世。

　　蒙古乌姆科马斯果是产自蒙古国的盔籽植物胚珠器官化石，种子呈三棱状，倒生，长在二歧分枝的生殖枝顶端或近顶端。包裹种子的壳斗是一个杂合结构，包括着生种子的生殖枝和两片叶性的侧翼，三者分别覆盖于三棱状种子的三个侧面。

第四章
Chapter 4

松柏郁茫茫

如果说我们现在依然生活在裸子植物时代，很多人可能会感到不可思议。可是看到每年秋天朋友圈上演的"摄影大赛"，都是扎堆在晒银杏林、水杉大道的照片，或许你就明白了，自带治愈功能的裸子植物真的很受现代人的青睐。

其实，自古以来裸子植物都有一种只打"高端局"的气质。

如中国传统文化中象征君子形象的松柏，就是裸子植物。它们曾经在世界上广布，被子植物崛起之后，它们的生存空间被挤压到高纬度、高海拔地区，恶劣的环境让它们养成了坚毅的品质。世界上最高的树是位于美国加利福尼亚州的"Hyperion"红杉，我国发现的最高的植物是云南黄果冷杉，它们都是裸子植物。高寒地区森林主要以针叶林为主，它们是山峰云端的守护者，而在温暖湿润的中低纬度地区，裸子植物扮演着从久远时光而来的信使，例如银杏、水杉、水松、银杉。它们有些从白垩纪晚期走来，穿越白雪皑皑的第四纪冰期，在地形复杂的遗落之境延续着血脉的传说。

起初古植物学家们发现了它们的化石，后来其中的一些活体在遥远的森林中被发现。水杉、银杉等裸子植物的出现都曾震惊学术界。以前人们只能用放大镜在它们的化石前端详，现在人们可以站在它们脚下，听呼啸的风穿过枝丫，在摇曳的绿光浮影中想象着翼展超过11米的风神翼龙从它们头顶飞过，仿佛在它的绿荫里还能听到那个远古时代的心跳声。

在中国的西南部，海拔4000米雪线附近的针叶林会构成非常醒目的林线。它们是地球上最壮美的森林线条景观，给气势磅礴的雪山增加了几分柔媚。寒冷与缺氧的环境让很多植物望而却步，而针叶树却能扎根在此，笔直的树干拔地而起，树林中行走着白唇鹿、滇金丝猴、血雉等珍稀动物，这是一片远离人间的高山净土。

在湖南与两广的分界处，温暖潮湿的南岭山脉中也生长着一些裸子植物中的稀有面孔，如穗花杉、资源冷杉、银杉，它们都是度过第四纪冰期的孑遗物种。其中银杉有个非常"China"的拉丁文名：*Cathaya argyrophylla* Chun et Kuang。*Cathaya*为属名，中文意为"华夏"；*argyrophylla*为种名，中文意为"银色的叶"。银杉的这个学名意味着它是中国发现的一种带有银白色光芒的植物，且目前仅在中国有分布。南岭山地的杉木属植物古老而多样，也扭转了人们认为针叶林都分布在寒冷地区的刻板印象。

而要想一窥裸子植物全盛时期的全貌，还要回到1亿多年前的白垩纪早期，这是恐龙大发展的时代，也是裸子植物全面繁荣的时代。

◎ "活化石"银杏

说起银杏，我们总能想到秋天时它那黄澄澄的叶子，或像一把把小扇子挂在路边的枝头，或是落了满地，为街道铺上一层金黄。在我们的认知里，银杏是一种再常见不过的观赏树，无需更多的描摹，就能领会它给我们带来的视觉之美。

其实，银杏是一种非常古老的树，也曾在第四纪大冰期的影响下差一点灭绝。如果不是因为18世纪植物学家在中国找到了银杏，人们将会一直以为只能在化石中看到它了。

如此说来，将银杏称为植物中的"活化石"一点也不为过。

银杏类植物最早的代表可以追溯到3亿年前的石炭纪末期，经过二叠纪和早、中三叠世的漫长演化，银杏家族在晚三叠世进入了繁盛时期。

在这长达近1亿年的时间里，除了银杏科之外，银杏家族还生存着至少3~5个科，但都没有延续到今天。银杏属植物的历史则可以追溯到约1.8亿年前的早侏罗世，同时侏罗纪也是银杏家族发展和演化的最重要的时期之一。而我们现在说的银杏，是仅存的一种银杏。

银杏是雌雄异株的植物，我们平时看到的行道树通常为雄株，树冠较小，呈塔尖状。银杏又名"白果"，作为一种裸子植物，它是没有果实的，而所谓的白果其实是银杏的种子。白果气味强烈，让人不适，这也是为什么作为景观用途的银杏通常是不会结种子的雄株。

我们难以想象银杏种子的受众会是什么动物。在遥远的侏罗纪，或许是一些会将它们直接吞下的小型恐龙或鸟类。动物们可以自由移动，而被囫囵吃下的种子随着粪便排出，在新的地方"驻扎"。正是通过这种方法，银杏得以繁殖。

如今，人们接过了栽培银杏的使命，银杏已经引种到世界各地并且可以长得很好，但作为仅剩一种的植物，野生银杏仍是国家一级保护植物。我国已知最古老和保存最完整的银杏化石，是在河南义马煤矿发现的距今约1.7亿年的义马银杏化石。在我国浙江临安等地，至今仍能见到一些高树龄的银杏，延续着这一古老物种的生命力。

义马银杏

（*Ginkgo yimaensis*）

时代为中侏罗世，产自河南义马，是世界上最古老也最可信的银杏化石。

　　与现生的银杏相比，义马银杏的种子要小得多，仅有现生种的1/3大小，但数目较多。而且，它们不是像现生种那样都直接生在一个种柄上，而是生在二歧分枝的次一级柄的顶端。它的叶也不同于现生银杏那样呈扇形，而是深裂成多个狭长的裂片。

哈密银杏

(*Ginkgo hamiensis*)

时代为中侏罗世。

这是根据产自新疆哈密三道岭煤矿的化石描述的一种新的银杏，标本保存了两个雄球花和大量叶片。

义马乌马托鳞片

（*Umaltolepis yimaensis*）

时代为中侏罗世，是一种产自河南义马的银杏类植物。

义马乌马托鳞片化石原本属于着生种子结构的乌马托鳞片和假托勒叶两个属，由于化石在岩层中保存时是散落的，科学家在研究时，将生殖器官命名了一个属，叶命名了一个属，后来发现这两个属具有相同的表皮和气孔结构，也就证明乌马托鳞片和假托勒叶其实属于一种植物的不同器官。

河南卡尔肯果

(Karkenia henanensis)

时代为中侏罗世。

　　河南卡尔肯果是一种已经灭绝的银杏类植物，化石为球果样结构，种子稀疏地排列在细轴上，种子直生，但珠孔向轴侧弯曲。

义马果

(*Yimaia* sp.)

时代为侏罗纪。

义马果是中生代一类银杏类化石植物，保存了完整的种子结构。目前已经发现了两种，回弯义马果和头状义马果，前者发现于河南义马中侏罗世义马组的含煤地层中，后者发现于内蒙古宁城县道虎沟。

内蒙银杏

(*Ginkgo neimengensis*)

时代为早白垩世。

内蒙银杏化石为着生胚珠的器官，包括一个柄和末端的6个胚珠。胚珠直生，每个基部都有杯状的胚领。种子5个，呈椭圆形。

克伦银杏

(*Ginkgo cranei*)

时代为晚古新世，产自美国北达科他州。

克伦银杏化石包括三维立体保存的胚珠器官（雌性繁殖器官）、压扁的种子以及叶片。

克伦银杏的胚珠器官和现代银杏非常接近，它的胚珠不具有珠柄，直接着生于总柄顶端的珠领

上，每个总柄上仅有一枚胚珠最终发育成熟。与现代银杏的区别是，克伦银杏的种子较小。

◎ 铁树开花的秘密

我们常常在文学作品中看到"铁树开花"这个词，用来形容一些千载难逢的事情。铁树就是苏铁，因为生长缓慢，"开花"的情况极其罕见，"铁树开花"也被看成一个好的兆头。

等等，铁树不是裸子植物吗？它真的会开花吗？

其实，苏铁的"花"并不是花，也并没有那么罕见。在寒冷的地区，我们或许不能见到苏铁"开花"，但在相对暖和的地方，我们常常能看到苏铁柱状的"花"、扁球形的"花"……

柱状的"花"长在雄株上，像一根金黄的玉米棒，扁球形的"花"长在雌株上，有点像小鸟的巢穴。苏铁是雌雄异株的植物，而这些"花"实际上是它们的孢子叶球。

说起孢子叶球，我们难免要想到遥远的蕨类植物了。苏铁类植物还有着和蕨类植物类似的羽状复叶，被普遍认为是现今最接近蕨类植物的种子植物。

最早的、可靠的苏铁类植物化石证据出现在约3亿年前的石炭纪末期，当时陆地上遍布蕨类植物与石松类植物。二叠纪末的大灭绝事件不仅对海洋生物和陆地动物造成了毁灭性的打击，对植物界也产生了深刻的影响，高大的石松类和多样化的种子蕨类逐渐消失，取而代之的是苏铁类和银杏类等裸子植物。

化石证据显示，中生代苏铁类植物的多样性很高，当时的苏铁有20多属，现今都已灭绝。

在中生代，还有一种雌雄同株的苏铁类植物，叫本内苏铁，又称为拟苏铁。本内苏铁类的叶子与苏铁类的叶子长得非常相似，都是坚硬的革质羽状叶，在化石中仅依靠外形特征很难区分两者，因此本内苏铁长期被归入苏铁纲。

这两类植物的叶表皮构造通常不同，本内苏铁类植物具连唇型气孔器，而苏铁类植物多具单唇型气孔器，这使得科学家在缺少生殖器官化石的情况下，可以利用化石角质层的研究对上述两类植物进行分类和鉴别。

大体上来说，本内苏铁类在中生代时期曾广布于南、北半球，其化石表明其最早见于三叠纪中期，至白垩纪晚期灭绝。

古生物学家推测苏铁类的叶子可能是植食性恐龙的重要食物来源，同时苏铁类依靠植食性恐龙散播种子，后者在白垩纪末的灭绝可能是导致苏铁类植物地理分布范围缩小和数量急剧减少的重要原因之一。

密脉原苏铁

(*Procycas densinervioides*)

时代为早二叠世，产自河南禹州。

密脉原苏铁是一种具有纤细茎轴的早期苏铁类植物，其叶子很像蕉羽叶。它的羽状叶片呈
螺旋状着生在细枝上，幼叶的羽片轴弯曲而裂片伸直，与现在的泽米苏铁具有一定的相似性。

陕西枝带羊齿

(*Cladotaeniopteris shaanxiensis*)

时代为早二叠世，产自陕西韩城。

该植物的主要特征为带羊齿式的羽片着生在细枝之上，其排列一般疏松，顶端成簇，羽片脱落后留有大致圆形的叶痕。

◎ 没有落叶的时代

英国作家威尔斯在《世界史纲》中曾写道："中生代是一个潮湿的时代，一个青绿的时代，一个没有五彩缤纷的花朵的时代，一个没有落叶的时代。"

威尔斯不是古生物专家，对中生代的认识或许有些偏颇，却也道出了中生代的一些特征。

或许有人会疑惑："当世界还没有花的时候，难道连落叶也没有吗？"

我们已经习惯了四季更迭，习惯了春夏时期草木繁盛，秋天开始落叶，冬天枝叶凋零的景象，好像很难想象一个绿色永不落幕的世界——其实，只要我们把目光放到高纬度、高海拔的寒凉地区，那里的森林构成主要是云杉、冷杉等针叶树。

中生代的森林类似于此，作为代表植物的苏铁类和松柏类，都是四季常绿的植物。它们老叶的脱落总是伴随着新叶的长出，看起来就像一年四季绿叶都没有掉过。

松柏，自古以来就是我们偏爱的对象。在《荀子》中便有"岁不寒无以知松柏，事不难无以知君子"这样的话，借松柏赞美君子高尚的品格和坚毅的精神。

最早的松柏类植物大约可以追溯到3亿多年前的石炭纪，一般认为与科达类植物有着密切关系。

如今松柏有一些种类在亿万年来的沧桑巨变中灭绝了，也有一些幸存者成了濒危物种，比如我国特有的世界珍稀植物水杉和银杉，以及近年来被发现能够提取抗癌物质的红豆杉等。

永昌科达穗

(*Cordaianthus yongchangensis*)

时代为早二叠世，产自甘肃永昌。

永昌科达穗是科达类植物的雄性繁殖器官，形态上很像现代松柏类的雄球果。

沈氏河西花

（*Hexianthus shenii*）

时代为早二叠世，产自甘肃永昌。

沈氏河西花是一种科达类植物的繁殖
器官，具有科达类和松柏类的特征。

永昌河西枝

（*Hexicladia yongchangensis*）

时代为早二叠世，产自甘肃永昌。

永昌河西枝是一种伏脂杉目的松柏类裸子植物，
与生活在石炭纪晚期到二叠纪早期的瓦契杉具有一定
的相似之处。它的发现增进了我们关于古生代松柏类
植物的认识，也揭示了在早二叠世时，松柏类已经进
化出了复杂的特征。

刺苞澳洲杉木

（*Austrohamia acanthobractea*）

时代为早侏罗世。

澳洲杉木属化石首次发现于南半球阿根廷，是迄今报道的最为古老的柏科植物大化石。我国内蒙古宁城侏罗纪道虎沟生物群中也保存有精美的刺苞澳洲杉木化石。

现生柏科是全球广布植物，在除南极洲外的所有大陆均有分布，是松柏类家族中形态、生态环境和物种多样性最为丰富的类群。化石证据表明，柏科祖先类群可能起源于三叠纪，中生代中晚期是其物种多样性和地理分布最为显著的地质时期。

西沃德杉

(*Sewardiodendron laxum*)

时代为中侏罗世。

　　西沃德杉是一种已经灭绝的杉科植物，河南义马产有大量枝果相连的化石。西沃德杉的营养枝具扁平的侧枝系统，小枝互生至亚对生，叶螺旋状对生，呈假二列状排列。叶片扁平，披针形，边缘平滑，顶部渐尖，基部最宽且下延，单脉，无柄，无树脂道，叶背面叶脉两侧各有一条平行于叶缘的气孔带。

　　西沃德杉的雌球果单个（偶有两个）顶生，呈卵形或长卵形。未成熟者较小，多呈卵形；成熟者较大，多呈长卵形。未成熟的雄球花簇生于带叶枝条的顶端，呈卵圆形或长圆形，成熟者均分散保存。西沃德杉与中生代针叶植物长叶杉最接近，被认为是生活在潮湿、温带气候中的半常绿乔木。

穗花杉

(*Amentotaxus* sp.)

可追溯到中侏罗世。

穗花杉属是红豆杉科穗花杉族下一属，为常绿小乔木或灌木。本属现生共8种，均产自我国。约1.65亿年前形成的内蒙古宁城道虎沟组的化石中已经具有穗花杉属植物，生于叶腋的球果等关键的形态学特征与现生的穗花杉极为相似。

蒙古克拉西洛夫果

(*Krassilovia mongolica*)

时代为早白垩世。

　　蒙古克拉西洛夫果化石显示了着生于末端的球果和交互排列的原为哈里斯苏铁杉的带叶枝条。苏铁杉被认为是早期松柏类植物的叶子。角质层结构显示，产自蒙古早白垩世的哈里斯苏铁杉与共生的雌球果克拉西洛夫果属于同一植物的不同器官。

除了银杏、苏铁、松柏，裸子植物还存在一个纲，叫买麻藤纲。买麻藤类植物是整个种子植物中非常特殊的一支，它与其余裸子植物及被子植物之间的差异都比较大。买麻藤类植物包括买麻藤科、麻黄科和百岁兰科三个科。买麻藤科在远古时代的分布范围较广，但在经历了多次重大地质气候变化后，该科植物演变成分布于热带和亚热带森林的一个独特的小类群，而同属买麻藤类的麻黄科和百岁兰科则分布在干旱或沙漠地区。

松穗郑氏麻黄

（*Chengia laxispicata*）

时代为早白垩世，产自辽宁西部地区。

松穗郑氏麻黄是一种麻黄类植物，侧枝成对着生在主轴上。

轮叶建昌麻黄

(*Jianchangia verticillata*)

时代为早白垩世，距今约1.2亿年。

轮叶建昌麻黄是一种发现于辽宁建昌喇嘛洞村的麻黄类植物，该植物茎轴纤细，叶片退化程度高。

陈氏辽西草

(*Liaoxia chenii*)

时代为早白垩世，产自辽宁。

陈氏辽西草是一种麻黄类植物，长有交互对生的叶和侧枝，果穗由2~12对苞片构成。

中国埃姆斯麻黄

(*Eamesia chinensis*)

时代为早白垩世，产自辽宁凌源。

中国埃姆斯麻黄是一种已经灭绝的麻黄类植物，它是一种小枝末端带有雄性花序的

小灌木，其属名来自美国植物形态学家亚瑟·J.埃姆斯（Arthur J. Eames）。

前 麻 黄

(*Prognetella* sp.)

时代为早白垩世。

前麻黄是早期买麻藤类的代表性植物，其生殖枝与麻黄科非常相似，种子着生在叶性苞片的叶腋处。

第五章
Chapter 5

等一朵花开

很难想象，一个没有花的世界，会是一个怎样的世界。

我们无时无刻不为花的姿态所倾倒，那些或娇媚、或清雅、或艳丽的植物，无时无刻不在彰显着它们的存在：如果你未曾留心在街角篱笆攀爬而上的数丛蔷薇，那一定见过手抄本空白处精心绘制的楼斗菜、雏菊和三色堇；如果你早餐餐桌上没有娇嫩雏菊点缀其中，那么至少也曾被秋日小径旁静静绽放的蒲公英和紫罗兰触动过心弦。

可以说，在地球生命的演化历程中，花的出现是极具标志性的重要事件。第一朵花的出现，为这个世界带来了一抹娇艳的色彩。当植物纷纷开始孕育出花朵，这个世界便开始变得绚丽夺目起来。

古巴比伦的空中花园、古埃及的睡莲、古希腊的玫瑰、中国的"花中四君子"……这些美丽的花儿，不仅悄然盛开在四野，也盛放在与我们息息相关的生活与文化之中。

人类真的太爱花，爱到赋予它各种美好的想象。

中国人对气节的赞赏，有周敦颐对莲花的比喻，"出淤泥而不染，濯清涟而不妖"，这是君子的品性。"一花一世界，一叶一菩提"，大千世界尽显于一朵花之中，这是修行者看到的佛理。

　　而对于久食烟火的普通人来说，花也代表着美好的爱情。

　　"我爱你就像从未开花的植物，却把那些花的光亮，隐藏在身体中"，这是聂鲁达的温柔。

　　"相思萦系解语花，心似奔马雪蹄疾"，这是仓央嘉措的疯狂。

　　当然你也可以放弃对爱的执念，回到平凡中，回到生活里，过一段"面朝大海，春暖花开"的日子，做一个幸福的人。

　　一念花开，万物情深。我们的生活，因为花的多彩、娇媚、盛放而带着各种情绪。它们点缀山河，改造世界，启迪文明。一朵朵色彩亮丽的花在盘根错节之间热烈绽放，把生命的希望播撒到这个枝繁叶茂的世界中。

◎ 达尔文的"讨厌之谜"

就在恐龙在大地漫步，翼龙在天空翱翔，鱼龙在海底潜行之时，在植物界，能够吐露芳香的被子植物也在默默地积蓄力量，等待绚丽的绽放。

被子植物，又常常被通俗地称为开花植物，是当今世界上最繁盛、分布最广的植物类群，全世界约有400个科、30多万种。被子植物与人类的生存和社会的发展关系密切，人们吃的米面和水果，身上穿的棉线衣，治病的中草药，送给亲人的鲜花，家里铺的木地板等，绝大多数都是来自被子植物。可以说，没有被子植物也就不会有人类，当然从生命演化的历程来看，这一点更是毋庸置疑的。

早在一百多年前，进化生物学的奠基人、英国博物学家达尔文就曾因被子植物在白垩纪地层中突然大量出现，却又找不到它们的祖先类群和早期演化的线索，将被子植物的起源称为"讨厌之谜"。

一百多年来，世界各地无数的植物学家和古植物学家都在孜孜不倦地为这一"讨厌之谜"寻求答案，植物学家通过分析现生被子植物的亲缘关系，推测被子植物早期的演化历程，古植物学家则不断地寻找着最古老的被子植物化石。

◎ 地球上最早的花

　　花的结构比枝叶和根脆弱，很难形成化石，这给我们寻找"第一朵花"增添了不少难度。1998年，古植物学家孙革报道了"第一朵花"——辽宁古果，并提出了东亚为被子植物起源中心的假说，辽宁古果还登上了美国《科学》杂志的封面，引起了学术界和大众媒体的广泛关注。

　　经测定，辽宁古果为距今1.25亿年的早白垩世的植物。辽宁古果的标本是它的果枝部分，看上去很像今天的木兰类，由于它尚处于裸子植物向被子植物演化的最初阶段，因此不像现在的花那样完整，没有发育花瓣和花萼。按照今天的审美标准，辽宁古果不能称为花，或者只能说是一朵开败的花。但从辽宁古果的种子被果实包裹这一重要特征看，可以确认它是可靠的有花植物。

　　2015年，更早的花——潘氏真花走进了大众视野。潘氏真花化石由地质工作者潘广在上世纪发现，后经科学家们研究测定，年代为1.6亿年前的中侏罗世。潘氏真花是植物学意义上的完全花，具有花萼、花瓣、雄蕊和雌蕊，以及雄蕊中的原位花粉、子房中的胚珠和底部中空的花柱道。

之后，中国的古植物学家又在南京东郊发现了更早的花朵化石，并取名为树蕊南京花，它是迄今为止最为可信的、地球上最古老的花朵。南京花盛开于侏罗纪早期，距今至少1.74亿年，它的发现证明被子植物毫无疑问可以追溯到侏罗纪早期，甚至三叠纪。

我们已经可以想象，在恐龙的时代，除了有繁茂的苏铁、银杏等裸子植物，还有很多花朵悄然绽放。

大约6600万年前，恐龙走向灭绝，裸子植物衰退，地球进入了一个崭新的时代——新生代。被子植物迅速扩张，占据陆地生态系统的各个角落，成为陆地植物世界的主角。

树蕊南京花

(*Nanjinganthus dendrostyla*)

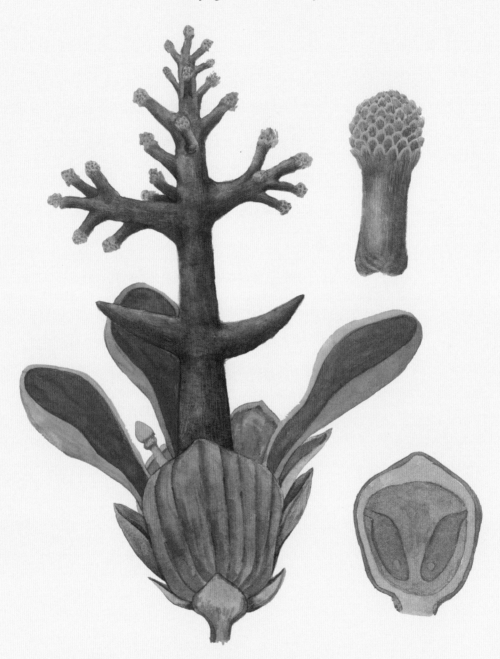

时代为早侏罗世，距今约1.74亿年，产自江苏南京东郊。

树蕊南京花化石保存了大量散生的花朵，单朵花直径10毫米左右，有4片或5片花瓣。在显微镜下，花萼、花瓣、雌蕊等主要结构清晰可见。其子房主要由凹陷的花托组成，子房上面长有树状的花柱，是典型的下位子房花。

中华施氏果

(*Schmeissneria sinensis*)

时代为中侏罗世，产自辽宁西部。

施氏果是一种早期被子植物，化石在中国的中侏罗世地层和德国的早侏罗世地层都有发现。中华施氏果为一花序化石，成对的花通过一个共同的柄着生在花序轴上，每一朵花具有花被，包围着具有两个腔室的子房。

渤大侏罗草

(*Juraherba bodae*)

时代为中侏罗世，距今约1.64亿年，产自内蒙古宁城道虎沟。

渤大侏罗草是一种草本被子植物，个体不到4厘米高，但保存了完整的根、茎、叶和果。

潘氏真花

(*Euanthus panii*)

时代为中侏罗世，距今约1.6亿年，产自辽宁西部。

潘氏真花是植物学意义上的完全花，具有花萼、花瓣、雄蕊和雌蕊，以及雄蕊中的原位花粉、子房中的胚珠和底部中空的花柱道。潘氏真花由辽宁煤田地质局的地质工程师潘广在20世纪70年代发现，其名字也体现了潘广对于这一化石的贡献。

中 华 古 果

(*Archaefructus sinensis*)

时代为早白垩世，产自辽宁凌源。

　　中华古果是一种小型的水生植物，全高约20厘米，叶子细而深裂，根部不发育，其生殖枝上螺旋状着生数十枚蓇葖果，果实细长而密集，每个果实内包藏着8~12粒胚珠（种子）。

始花古果

(Archaefructus eoflora)

时代为早白垩世，产自辽宁北票。

始花古果是早期被子植物古果科的成员，是多年生植物，有着长达7~10厘米的根茎。它的身体上长满了各种芽轴，有能长出花序并开花结果的生殖枝，也有仅长叶子的营养枝。

优美李氏果

(*Leefructus mirus*)

时代为早白垩世，距今1.25亿年，产自辽宁凌源。

优美李氏果是目前已发现的最早的真双子叶植物化石，单叶簇生，叶片呈三裂状，基部中脉为复出掌状脉，扁平的花托顶生在花梗上，其上着生5枚狭长形的假合生心皮（果）。

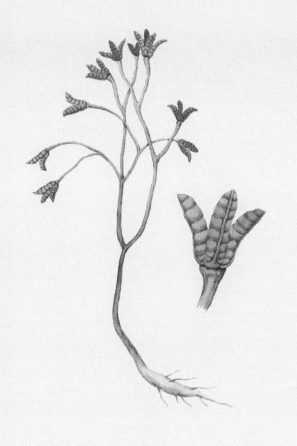

十字中华果/十字里海果

（*Sinocarpus decussatus / Hyrcantha decussata*）

时代为早白垩世，产自辽宁凌源。

十字中华果是产自热河生物群的一种早期被子植物，叶片小，能明显区分出叶柄和叶片两部分。叶边缘呈不规则锯齿状，齿顶端具有明显的腺体。叶脉为不规则的羽状，至少有三级叶脉组成非常不规则的网状脉序。

后来有研究者将其修订为十字里海果，其身份在学界仍有争议。

凌源变果

（*Varifructus lingyuanensis*）

时代为早白垩世，距今约1.25亿年，产自辽宁凌源。

凌源变果化石保存为正负模。植物保存的部分大约17厘米高，12厘米宽，保存了植物末端和茎、叶、花蕾、果实等各个连生器官。

宁城中华草

(*Sinoherba ningchengensis*)

时代为早白垩世，距今约1.25亿年，产自内蒙古宁城。

　　宁城中华草的化石保存得十分完整，长约26厘米，宽5厘米，根、茎、叶、花等各重要器官清晰可辨。它的根系具有侧根，茎具有明显分节，茎上长有多枚叶片，叶片细长，为单子叶植物典型的平行叶脉。宁城中华草顶端还长有形似高粱穗的花序，花序中包含许多朵小花。

柳叶甘肃果

(*Gansufructus saligna*)

时代为早白垩世，产自甘肃酒泉盆地。

柳叶甘肃果的化石几乎完整地保存了该植物体的茎、叶以及果序。从形态上看，柳叶甘肃果植株直立，具三到四级分枝，枝叶互生，叶片形似柳叶。其果序为圆锥状，成熟后开裂，由四个基部合生的心皮组成，每个心皮内包裹3~5枚种子，心皮基部还可见明显的花被残留，具有典型的双子叶被子植物的特点。

长颈古瓶子草

(Archaeamphora longicervia)

时代为早白垩世，距今约1.24亿年，产自辽宁西部。

　　化石复原显示该植物的株高只有5厘米，成熟的捕虫囊、尚在发育中的捕虫囊或似叶状柄的叶呈螺旋状排列在茎干上。长颈古瓶子草最初被认为是已知最早的食虫植物，但后来的研究发现，古瓶子草可能并不是食虫植物，而是裸子植物薄氏辽宁枝的虫瘿。

静子花

（*Lijinganthus revoluta*）

时代为白垩纪，发现于缅甸，保存在9900万年前形成的琥珀中。

静子花化石保存精美、完整，具有被子植物完全花的花萼、花瓣、雄蕊、雌蕊，是十分典型的核心真双子叶植物的五瓣花。

棱角葛赫叶

（*Quereuxia angulata*）

时代为晚白垩世，产自黑龙江嘉荫。

棱角葛赫叶是一种水中被子植物，分布广泛，主要生活在晚白垩世到古新世。

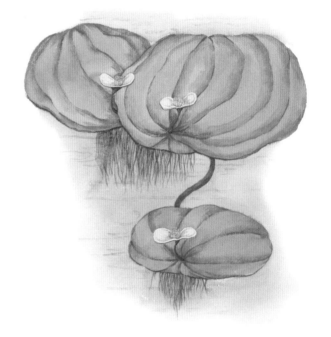

拉森羊蹄甲

（*Bauhinia larsenii*）

时代为晚始新世到渐新世，产自广西宁明。

拉森羊蹄甲与香港市花紫荆花十分相似，其种名源自对亚洲豆科植物研究做出贡献的卡伊·拉森（Kai Larsen）教授。

长梗似浮萍叶

（*Limnobiophyllum pedunculatum*）

时代为晚渐新世，产自西藏中部。

长梗似浮萍叶化石保存了完好的果序和种子，它的发现表明青藏高原中部在晚渐新世可能是温暖湿润的低地环境。

五数丁氏花

(*Dinganthus pentamera*)

　　时代为中新世，距今约1500万~2000万年，产自中美洲多米尼加，现存于辽宁抚顺琥珀研究所。

　　五数丁氏花很小，只有3~4毫米大小，花朵具有五枚边缘相扣的花被片，十枚向内弯曲的雄蕊，中央是带有弯曲花柱的雌蕊，属于比较常见的真双子叶植物。该化石属名是为了纪念前北大校长、我国著名数学家丁石孙先生。

金鱼藻

(*Ceratophyllum* sp.)

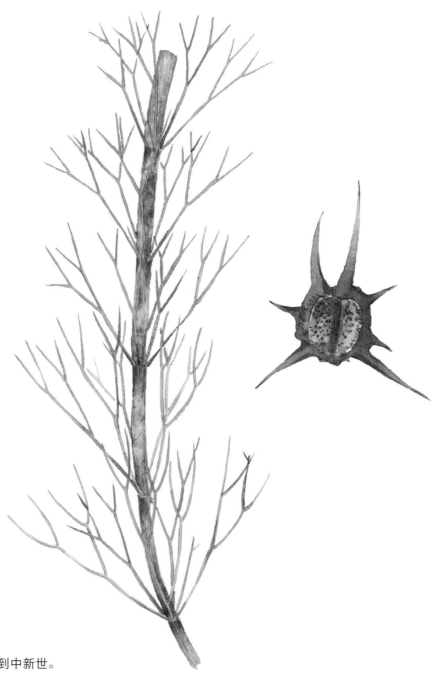

可追溯到中新世。

金鱼藻是一类世界性分布的水生被子植物，水塘、沼泽和溪流中都可见到。它们是金
鱼藻科中唯一的现生属，金鱼藻科也是金鱼藻目中唯一的现生科。

后 记
"花花世界" 的未来

　　1629年的一个春天，法国北部和荷兰南部的尼德兰地区，艺术大师鲁本斯正在和年轻的妻子讨论一件怪事。他们从一位植物学家手里拿到的一种花球，在荷兰受到热捧，人们不惜从有钱人的花园里去偷，花球的价格一时也水涨船高，在当时甚至卖到6700荷兰盾，相当于阿姆斯特丹运河旁一栋带花园的房子或者荷兰人平均年收入的50倍！这让他们感到无比惊奇。

　　什么花让当时几乎垄断海洋贸易的荷兰人如此痴迷？

　　故事还要从1594年说起。荷兰的一位植物学家从荷兰驻土耳其大使的手中偶然获得一种植物球茎，这种植物球茎开出的花深受当地人喜爱。起初那位大使在土耳其旅行的时候见到了这种野花，他一开始把花的名称跟当地人的"头巾"这个词搞混淆了，后来才知道它叫郁金香，而奥斯曼帝国鼎盛时期就叫郁金香时代。从此这种生长在中亚的天山和帕米尔一带的高山花卉都被带入欧洲，掀起了近现代世界园艺发展的狂潮。它被视为尼德兰地区艺术的灵感来源，经常出现在艺术大师鲁本斯的画作中。

　　其实早在千年以前，土耳其园丁就培育出了郁金香，土耳其以及吉尔吉斯斯坦都把郁金香作为国花。但现在，人们一提到郁金香还是首先想到风车之国荷兰。荷兰人喜欢郁金香，与当地人热衷修建园圃有关。在16世纪的荷兰，掌握着全球贸易航线而富裕起来的贵族阶级收集了很多奇花异草种植在自己的花园里，而郁金香是其中的佼佼者，它被称为"上帝选中的花朵"。荷兰人把它种植在园圃的中心，其他花草众星捧月一般围着它，让它的价值提升，并且名声飞扬海外。后来随着种植面积的扩张，郁金香发展成国家的支柱产业。如今，每年春天都会有很多人来到荷兰欣赏郁金香花田。这些花田占地25000英亩（约10000公顷），带来了全球60％鲜切花生意份额和大约100亿个花球。

一朵小花就能卷起人类社会的滔天巨浪，深刻影响人类历史进程。诸如此类植物影响人类历史的事，在15世纪到17世纪地理大发现年代不胜枚举。例如哥伦布大航海的最初目标其实是寻找不被阿拉伯人所控制的香料，从中国出口的茶叶深刻改变了欧洲人的生活，从美洲传入欧亚的土豆、玉米等农作物为世界人口的增长提供了基本保障，而从金鸡纳树、黄花蒿两种植物提取的生物碱、青蒿素把数以万计受到疟疾威胁的生命从死神手中拉回。可以说，人类历史的每一次跃进都有一棵植物的身影在背后闪现。

从最初发源于两河流域的小麦，到中国长江流域起源的水稻，人类对农作物的培育、种植的历史，本身就是一部社会生产力发展史。到了现代，由于生物技术的发展，植物在人类生活中的重要性进一步提升。通过复杂的育种技术，科学家们能够培育出抗旱、抗病、高产的作物品种，从而保障粮食安全，袁隆平院士的超级稻就是从野生水稻育种而来。许多现代药物的活性成分也都源自植物，例如阿司匹林的前体物质水杨酸最早是从柳树皮中提取的。在环境保护方面，湿地植物能够净化水质，给城市带来一片纯净的水域，通过植树造林，一些沙漠地带也在变为绿洲。

人类的生活离不开植物，但为了追求经济效益而过度开发也造成了不可逆的后果。农业发展带来的农药污染问题给全球气候环境带来灾难。为了能够发展种植业，扩大经济作物的种植面积，一些偏远地区的森林正在遭受砍伐。被誉为地球之肾的亚马孙雨林就因人们对木材和农业用地的需求增长，而遭受蚕食。

亚马孙雨林是地球上最大的热带雨林，它覆盖了南美洲的广阔地区，是地球森林生态系统的一颗璀璨明珠。然而，最近几十年，由于过度开发和非法砍伐，这片宝贵的森林资源正在迅速萎缩。自上世纪70年代以来，数百万公顷的茂密森林已经变成了农田或人类居住区。这种大规模的森林砍伐不仅破坏了生物多样性，还加剧了全球变暖的趋势，因为雨林中的树木能够吸收并储存大量的二氧化碳。因此，保护亚马孙雨林已经成为全球环保事业的重要任务之一。它需要国际社会的协同，确保在不破坏生态的前提下，合理利用森林资源，以实现人与自然的和谐共生。

在中国，森林的保育一直以来都受重视。国家的"十四五"规划中提出了到2025年全国森林覆盖率提高到24.1%的目标。中国2014年开始试点天然林禁伐，2020年新修订生效的《森林法》将天然林全面保护制度以法律形式确定下来。多年来，中国植树造林数亿亩，从森林资源增长量来说已经是全球最多的国家。

经过几亿年的进化，植物已经分化出琳琅满目的种类。从海洋到高山，从极地到赤道，不同种群的植物共同组成这个星球上最稳固的生态系统。它们转化来自太阳的光能，制造氧气，为动物提供食物与家园。它们搭建生态基础，在地球的各个角落都创造出了令人叹为观止的壮丽景象。

就像文艺复兴时期杰出的博物学家约翰·杰勒德在他的《植物志》中所说："覆满植物的大地犹如穿上了一袭华美的绣袍，袍子上缀满了来自东方的珍珠和各种各样珍稀而昂贵的珠宝。还有什么事情能比注视着这样的地球更令人愉悦呢！"

而我们，只有与植物携手同行，地球的未来才能更加多元、璀璨！

附 录

中国古植物学人物志

邝荣光（1860—1962）

作为第一批留美幼童的一员，邝荣光在美国拉法叶学院学习地矿，1881年被召回国后被派往唐山开平煤矿，曾任直隶省矿政调查局总勘矿师等职。1910年，他根据实地调查资料，在中国地学第一个学术刊物《地学杂志》创刊号上发表了我国第一幅区域地质图《直隶地质图》。接着，他又发表了《直隶矿产图》和《直隶石层古迹图》，后者是中国人编制的第一幅古生物图版，图中包含有轮叶等四种化石植物，是中国地质古生物学的重要发端。

周赞衡（1893—1967）

周赞衡，生于江苏省奉贤县（现属上海）。1916年自丁文江等人创办的北京农商部地质研究所毕业后，供职于中央地质调查所。同年，瑞典古植物学家赫勒（T. G. Halle，1884—1964）应邀来华工作，周赞衡受命作为学生和助手跟随赫勒在中国工作。1918年—1923年，周赞衡被派遣到瑞典留学，跟随赫勒专攻中生代植物化石。1923年，周赞衡发表了《山东白垩纪之植物化石》，这是中国人研究中国植物化石的第一篇古植物学论文。周赞衡首次利用植物化石确定了中国有白垩系地层的存在，并进一步认为蒙阴组属早白垩世，王氏组属晚白垩世。1924年，周赞衡在瑞典学术期刊上用英文发表了另一篇中生代古植物学论文，这是中国人首次研究外国植物化石并发表研究论文。前中央地质调查所古植物学研究室成立后，周赞衡担第一任主任。

胡先骕（1894—1968）

我国著名植物学家和教育家，中国植物分类学的奠基人。与秉志联合创办中国科学社生物研究所、静生生物调查所，还创办了庐山森林植物园、云南农林植物研究所，发起筹建中国植物学会。继钟观光之后，在我国开展大规模野外采集和调查我国植物资源的工作。与钱崇澍、邹秉文合编我国第一部中文《高等植物学》。首次鉴定并与郑万钧联合命名"水杉"和建立"水杉科"。提出并发表中国植物分类学家首次创立的"被子植物分类的一个多元系统"和被子植物亲缘关系系统图。

除精研现代植物分类与分布外，胡先骕对古植物学的研究也有很深的造诣。1938年，他同美国古植物学家钱耐（R. W. Chaney,1890—1971）共同研究了我国山东山旺新生代中新世古植物化石，证明了1200万年前山东的植物同现代长江流域的植物有相似性。1940年，他们两人在《中国古生物志》中联名发表"中国山东中新世植物群"的长文和较多的精确图版，这不仅为我国新生代古植物学的研究打下了基础，而且也开拓了我国古植物学研究的新领域。

斯行健（1901—1964）

斯行健，中国古植物学的奠基人，中国科学院学部委员（院士）。斯行健留学德国，师从古植物学家高腾，获得博士学位后，赴瑞典斯德哥尔摩大学进行研究，1933年回国后长期从事古植物学研究和教学工作。1951年中国科学院古生物研究所正式成立，斯行健先后担任代所长、所长。1955年当选为中国科学院学部委员，1964年病逝于江苏南京。斯行健长期从事古植物的研究，对古植物的分类演化、地层划分对比以及植物地理分布等都有系统深入的研究，在古植物的众多领域做出了不同程度的开拓性工作，奠定了中国古植物学和陆相地层研究的基础。

潘钟祥（1906—1983）

潘钟祥先生是杰出的石油地质学家。1931年，他从北京大学地质系毕业后到中央地质调查所工作。1932年—1934年间先后4次到陕北调查石油及油页岩，发现油苗主要产于三叠系延长层及侏罗系延安组。1938年，到四川地质调查所工作。1940年，受中华教育文化基金会资助赴美国堪萨斯大学学习。1941年发表著名的《中国陕北及四川白垩系石油的非海相成因》论文，最早提出中国陆相生油之观点。

在陕北进行调查期间，潘先生发现了大量植物化石，并进行了研究，发表了《陕北古期中生代植物化石》（1936）等成果。斯行健先生曾这样评价潘钟祥先生的古植物学研究："潘钟祥是我国最早从事古植物学研究，并获得显著成就的人员之一。从1933年到1937年，他发表过好几篇论文，其中的《陕北古期中生代植物化石》（1936）最为古植物学界所重视。"

徐仁（1910—1992）

徐仁，生于安徽芜湖，著名古植物学家、孢粉学家。1933年徐仁毕业于清华大学生物学系，在北京大学任助教，后到印度勒克瑙大学进行研究工作，于1946年获得博士学位。1949年，徐仁担任印度古植物研究所副教授兼代所长。回国后，徐仁先后在中国科学院古生物研究所和中国科学院植物研究所进行古植物学研究，通过化石植物的研究论证了青藏高原隆升的时代、原因和幅度。同时，徐仁还是中国孢粉学的主要开创者。

李星学（1917—2010）

李星学，生于湖南郴县，著名古植物学家、地层学家。李星学于1942年从重庆大学地质系毕业后，进入前中央地质调查所工作，1950年—1951年任全国地质工作计划指导委员会工程师。1951年起在中国科学院古生物研究所工作，1980年被选为中国科学院学部委员（院士）。李星学长期从事古植物与非海相地层学研究，在华夏植物群和东亚晚古生代的煤系地层的研究方面卓有成就。

潘广（1920—2014）

潘广，又名潘广明，河南新乡人，曾任辽宁省煤田地质勘探公司等单位工程师，醉心古植物学研究。

20世纪70年代，潘广在辽宁西部进行考察研究时发现了大量植物化石，并认为其中含有很多侏罗纪被子植物化石。由于研究的深度不够，潘广的成果大都没有被学术界接受，但却为寻找早期被子植物化石提供了有价值的线索。他在葫芦岛收集到几件植物化石，经中科院南京地质古生物研究所王鑫研究员研究，被确认为潘氏真花等植物。

周志炎（1933—）

周志炎，生于上海，古植物学和地层古生物学家，中国科学院院士。1954年周志炎于南京大学地质系毕业后进入中国科学院南京地质古生物研究所工作，长期从事古植物学和相关地层学研究，以中生代裸子植物和蕨类化石的研究见长。周志炎院士关于义马银杏的研究增进了人们对于中生代银杏类进化的认识。

王自强（1936—）

王自强是天津地质矿产研究所（天津地质调查中心）的研究员，长期从事地质调查和古植物学研究工作，对华北地区晚古生代植物群有较深的研究。为了让自己毕生研究的化石能够得到永久的妥善保存，王自强退休后将标本从天津运到了南京，保存在中国科学院南京地质古生物研究所的标本馆内。

沈光隆（1938—2016）

沈光隆，生于贵州绥阳，西北大学教授，古植物学家，主要从事晚古生代及中生代植物群及陆相地层的研究，在对我国西北地区相关生物地层的研究上有一定建树。在研究和教学过程中培养出很多古植物学人才。

郝守刚（1942—）

郝守刚，山东莱州人，北京大学教授，古植物学家，学生时代就发现北京西山的"东胡林人"，后来在陆生维管植物的起源和早期演化方面做出了巨大的贡献。

孙革（1943—）

孙革，辽宁沈阳人，古植物学家，先后在中国科学院南京地质古生物研究所、吉林大学、沈阳师范大学从事古植物学研究和人才培养。发表了辽宁古果等重要的早期被子植物化石研究成果。

作者介绍

钟琦

湖南省地质博物馆副馆长，副研究馆员、高级科普师，中国自然科学博物馆学会地学博物馆专委会副秘书长。长期从事博物馆运营管理、科普传播、科学教育研究等工作，编著出版多部科普著作。曾获评"湖南省三八红旗手标兵""自然资源科技骨干之星"等荣誉称号。

傅强

中国科学院南京地质古生物研究所研究员，研究所科学传播中心副主任，中国科学院大学南京学院任课教师，江苏省古生物学会副理事长。长期从事植物演化，化石资源保护，地质古生物科学史等方面的研究，发表论文若干，翻译、编著出版各种著作十余部，曾获国家科学技术进步奖二等奖，江苏省科学技术奖三等奖。

绘者介绍

何玲

艺术家，策展人，湖南省"三百工程"首批重点青年文艺人才，湖南省油画学会副主席，湖南省青年美术家协会副主席。曾荣获首届中国"青年艺术+"提名奖、第五届湖南省青年文化艺术节绘画组金奖等荣誉。在国内外参加展览百余次，作品及论文常见于各种专业书刊媒体，出版与编辑专业刊物十余册。

Waiting for a Bloom
A Brief History of Plants in Fossils

图书在版编目（CIP）数据

等一朵花开：化石中的植物简史 / 湖南省地质博物馆编著. -- 长沙：湖南科学技术出版社, 2024. 9.
ISBN 978-7-5710-3303-3

Ⅰ. Q914.2

中国国家版本馆CIP数据核字第2024C83L60号

等一朵花开：化石中的植物简史

DENG YI DUO HUA KAI: HUASHI ZHONG DE ZHIWU JIANSHI

编　　著：湖南省地质博物馆

主　　编：李　倩

著　　者：钟　琦　傅　强

绘　　者：何　玲

出 版 人：潘晓山

责任编辑：刘　竞

出版统筹：邓　理

策划编辑：陈　依

特约编辑：张　琴　钱　烨

装帧设计：阿　娅

出版发行：湖南科学技术出版社

社　　址：长沙市芙蓉中路一段416号泊富国际金融中心

网　　址：http://www.hnstp.com

湖南科学技术出版社天猫旗舰店网址：

　　　　　http://hnkjcbs.tmall.com

邮购联系：0731-84375808

印　　刷：北京盛通印刷股份有限公司

　　　　　（印装质量问题请直接与本厂联系）

厂　　址：北京市北京经济技术开发区经海三路18号

邮　　编：100176

版　　次：2024年9月第1版

印　　次：2024年9月第1次印刷

开　　本：889mm×1194mm　1/16

印　　张：9

字　　数：68千字

书　　号：ISBN 978-7-5710-3303-3

定　　价：98.00元

如何得到一块植物化石？

HOW TO GET A PLANT FOSSIL?

顾名思义，植物化石就是植物形成的化石。

研究植物化石的学科被称为古植物学，即研究远古时代（地质历史时期）的植物的学科。古植物学研究的对象主要是植物化石标本，与研究现生植物的植物学有相同之处，也有很大的差异。

由于地质历史十分漫长，维管植物大约从4.5亿年前起源至今，发生了巨大的变化。在漫长的历史中，产生了各式各样、种类繁多的植物。逆着时光向远古追溯，距离现在越久远，植物的总体样貌与现今的也越不同。

远古时期的植物因为早已不复存在，我们只能通过研究偶然保存下来的化石来认识。但由于化石在形成过程中会丢失大量的信息，导致我们对于远古植物的认识也是不完整的、片面的。

一、认识植物化石

植物化石与其他生物的化石一样，都是地质历史时期的产物，是植物伴随着沉积物固结而成的。植物化石与大部分无脊椎动物化石，特别是壳状生物化石存在很大的差异，最显著的就是植物化石往往很不完整，通常保存为散落的枝叶或茎干，完整的个体极为罕见（这一点与大型脊椎动物化石类似）。

常见的植物化石有四种保存形式：

1.矿化保存，植物体（一般为茎轴）被矿化，能够保存植物的内部结构；

2.铸型保存，植物体（一般也为茎轴）本身已经消失，化石仅为泥沙等沉积物充填形成的铸模，仅保存植物的表面结构；

3.压型保存，植物体（一般为叶片和枝干）呈扁平状保存在沉积岩中，形成碳质压膜，这种形式的植物化石是最常见的；

4.印痕保存，与压型保存很相似，但不存在碳质压膜，仅在岩石面上留有叶片形状和叶脉形状的印痕。

在古代，世界各地的人们对于植物化石或多或少都有一定的认识。古人所认识的植物化石，可以粗略地分为三大类：琥珀、矿化保存的硅化木、常见的压型和印痕化石。

纵观人类历史，这三大类植物化石中，琥珀的实用价值最大，它既可以作为药品，也可以用于装饰，故历史记载也最多。其次是硅化木，因其可以用于园林景观或当作文玩摆件，历史记载也不少。记载最少的反而是最常见的压型和印痕化石，在与地层知识产生联系之前，几乎很少有人关注它们。

二、寻找和采集植物化石

1.岩石和化石

寻找和采集植物化石，要找到能够产生化石的岩层，然后针对性地采集化石，并做好记录。

地球上的岩石主要分为沉积岩、岩浆岩和变质岩三大类，化石主要保存于沉积岩中，岩浆岩和变质岩中有化石的情况很少。

沉积岩有两个突出的特征：一是具有非常明显的成层性，层与层之间的界面叫层面，通常在下面的岩层比在上面的岩层更古老；二是许多沉积岩中含有远古生物的遗体或生存、活动的痕迹，这也就是古生物学研究的主角——化石。

根据成岩矿物来源的不同，沉积岩可以分为它生沉积岩和自生沉积岩，前者主要为陆源碎屑岩，包括砾岩、砂岩、粉砂岩和泥岩等，它们往往含有陆生生物和淡水生物的化石，如植物、双壳类动物等；后者包括碳酸盐岩、硅质岩等，往往形成于海洋环境，因此含有海生生物化石。

植物化石主要保存于陆源碎屑岩中，在粉砂岩和泥岩中最为常见，保存得也最好；砾岩和粗砂岩因为颗粒比较大，往往仅能保留植物大茎干的印痕。

2.化石猎人的秘密武器

虽然我们对岩石有了初步的认识，知道化石保存在沉积岩中，也知道了在哪里可以寻找化石，但要想成为一名化石猎人，成功采集到自己想要的化石，还要做很多功课呢！

首先要学会查资料，了解什么地方曾经发现过化石，什么地方可能找到化石。最简单的方法就是在网络上搜索，看看你所在的城市或村庄周围是否有人发现过化石，如果有发现过，是在哪里发现的。然后就可以根据网站的报道前去探索一番了。

如果网上没有相关资料，就要求助于相对专业的数据库了。科学家会将自己的发现和研究成果发表在杂志上，现在几乎所有在中文杂志发表过的文章都可以在中国知网（CNKI）搜索到。我们可以在中国知网搜索文献资料，看看哪些地方发现过什么样的植物化石。

此外，我们还可以去图书馆查阅一些工具书，如《东北地区古生物图册》《华北地区古生物图册》《西北地区古生物图册》《西南地区古生物图册》《中南地区古生物图册》《西藏古生物图册》《秦岭化石手册》《湖北省古生物图册》……这些专业书籍非常全面地介绍了各地区都有哪些化石。

确定了目的地之后，最好还了解一下当地的地质、地层分布情况，这就要求助于地质图了。地质图是一种把各种岩石地层和地质构造按照一定比例投影在平面上，并用规定的颜色和符号来表示的图件。从地质图上，可以全面了解一个地区都有什么样的岩石地层，它们形成的时代、排列的顺序和分布范围，以及有关的矿产资源的分布情况等。

俗话说："工欲善其事，必先利其器。"做好了这些知识上的准备以后，还要做好物质上的准备。采集化石需要一定的工具和装备，工具有地质锤、凿子、废报纸、放大镜、铅笔、记号笔、笔记本、透明胶带等，装备有登山鞋（或是厚底、耐磨的运动鞋）、遮阳帽、雨伞、手套、背包、护目镜等。

还要准备好足够的食物和水。野外工作时间可能会比较长，周围也不一定能买得到。如果要在野外待更长的时间，还需要准备睡袋和帐篷等。

一切准备就绪后，我们出发吧！

3.化石哪里寻

想找到化石，要去见得到沉积岩层的地方。若在植被茂密或被沉积物覆盖的地区，寻找岩石并非易事。

（1）出露了岩石的路边

在很多山区或丘陵地带，人们为了修路不得不将山壁劈开，这就为寻找化石提供了良机。但道路上会有来来往往的车辆，因此在路边寻找化石时一定要注意安全，尽量选择远离路面的地方。

（2）采石场

采石场是寻找化石的最佳去处。由于山体被炸开，大量的岩石滚落到了地面，只要在这些岩石里仔细寻找，然后用地质锤敲取化石就行了。

开山采石虽然对自然环境造成了一定的破坏，却为寻找古生物化石提供了极大的便利。但一定要注意，进入采石场要得到经营者的允许，且在采石场内要注意安全。

（3）植被稀少的旷野

西北的戈壁地区是寻找化石的好地方，这里没有植被的遮挡，也没有车辆通行和采石施工的危险。

4.挖呀挖，挖化石

成功发现化石之后，需要将它们从岩层中取出来。

在采集化石的时候，地质锤是用得最多的工具。地质锤就像战士手中的枪，在野外是一刻也离不开的。地质锤有一个凿尖，既可以用来在剖面露头上挖掘化石，也可以用来顺着自然层面劈开岩石找到化石。采集到标本后要用多层纸将其包裹起来，写清楚采集的地点、时间等有关信息，最后放进采集包中。

标本采回后，通常还要对它们进行必要的清理，清除不必要的灰尘和围岩。对于不易破碎的化石可以用水冲洗或用软毛刷子刷洗，然后用各种适合的凿挖工具如錾子和细针等进行修理。这里有一个小经验，牙用探针是修理化石的好工具。我们要根据化石标本的大小和脆弱程度选择工具，对于易碎的标本要特别小心和仔细。

三、阅读植物化石的秘密

1.确定化石的种类

清理和修理好化石，接下来就是参考各种资料对化石进行鉴定了。

鉴定是阅读植物化石秘密的第一步，只有了解了一块化石是什么、属于哪一生物门后，才能进一步探讨它们所处的系统演化位置和生活时的生态环境。

在化石鉴定的过程中，如果发现它跟已发表的化石都不一样，那我们应该是发现了一个新种！

在明确了化石的特征，对它们进行拍照等一系列工作之后，我们就可以对它进行命名了。对新种取名字是研究者的权利，可以根据化石产地命名，也可以根据它们的特征进行命名，还可以以某位有突出贡献的学者的名字来命名。当然了，命名时需要遵守一定的命名规范，否则将是无效命名。

鉴定完成后，要为每一块标本制作详细的标签，标明化石名称、产地、产出层位、采集时间和采集人姓名等信息。

2.研究化石的地层和地理分布

生命演化是单向的，灭绝的种类不会再次出现，也就意味着每个地质时代的生物面貌都不同。例如，工蕨类植物是早期维管植物的代表类群之一，它们主要生存于早泥盆世，到中泥盆世之后基本就消失不见了；大羽羊齿类植物主要生活在以东亚为核心的二叠纪，在早三叠世之后就全部消失了。因此，如果我们在一个岩层中找到了工蕨类植物的化石，就可以确定这些岩层形成于早泥盆世；而如果我们找到的是大羽羊齿类植物的化石，则可以认定这些岩层大概率是二叠纪时形成的。同时，化石的分布往往也是有地域局限的，比如在非洲和南美洲就不可能找到大羽羊齿类植物化石。

叠层石
Stromatolites

　　作为一类主要由蓝藻（蓝细菌）参与形成的沉积结构，叠层石是地球上最早的生命的宏观证据。从约38亿年前到约8亿年前的地层中，全世界范围内都能见到叠层石的身影。

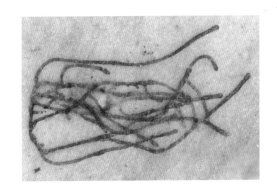

元古先枝藻 *Proterocladus antiquus*

产地：辽宁南部

层位：南芬组

时代：中新元古代最末期至拉伸纪初期

采集者：唐卿等

扇形藻 *Flabellophyton*

产地：安徽休宁

层位：蓝田组

时代：埃迪卡拉纪

采集者：万斌等

中国工蕨 Zosterophyllum sinense

产地：广西苍梧

层位：苍梧组

时代：早泥盆世

采集者：李星学等

胜峰工蕨

Zosterophyllum shengfengense

产地：云南曲靖

层位：西屯组

时代：早泥盆世

采集者：郝守刚等

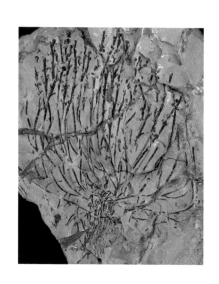

宽叶长穗 *Longostachys latisporophyllus*

产地：湖南澧县山门水库

层位：云台观组

时代：中泥盆世

采集者：蔡重阳

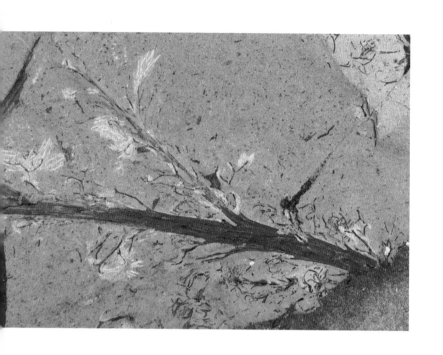

吉维特雅枝蕨 *Compsocradus givetianus*

产地：新疆和什托洛盖

层位：呼吉尔斯特组

时代：中泥盆世

采集者：傅强

种子化石

Seed fossils

产地：江西于都

层位：三门滩组

时代：晚泥盆世

采集者：傅强

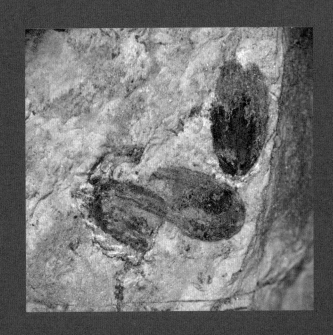

斜方薄皮木

Leptophloeum rhombicum

产地：湖南桑植

时代：晚泥盆世

采集者：湖南省地质博物馆

弱楔叶 *Sphenophyllum tenerrimum*

产地：湖南汝城九冲

层位：测水组

时代：早石炭世

采集者：吴秀元

斯氏羽裂蕨 *Aneimites szei*

产地：湖南冷水江市

层位：测水组

时代：早石炭世

采集者：吴秀元等

楔叶

Sphenophyllum sp.

产地：山西阳泉

时代：石炭纪

标本所在地：湖南省地质博物馆

湖南轮叶

Annularia hunanensis

产地：湖南耒阳

层位：龙潭组

时代：晚二叠世

采集者：邓龙华

瓣轮叶未定种

Labatannularia sp.

产地：南京汤山

层位：龙潭组

时代：晚二叠世

采集者：傅强

刺根茎未定种 *Rhizomopsis* sp.

产地：南京汤山

层位：龙潭组

时代：晚二叠世

采集者：傅强

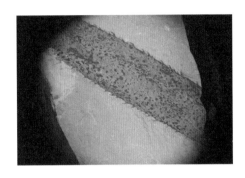

栉羊齿未定种 *Pecopteris* sp.

产地：南京汤山

层位：龙潭组

时代：晚二叠世

采集者：傅强

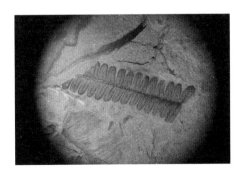

种子化石

Seed fossils

产地：南京汤山

层位：龙潭组

时代：晚二叠世

采集者：傅强

烟叶大羽羊齿

Gigantopteris nicotianaefolia

产地：湖南永兴泥堡口

层位：斗岭组

时代：晚二叠世

采集者：姚兆奇

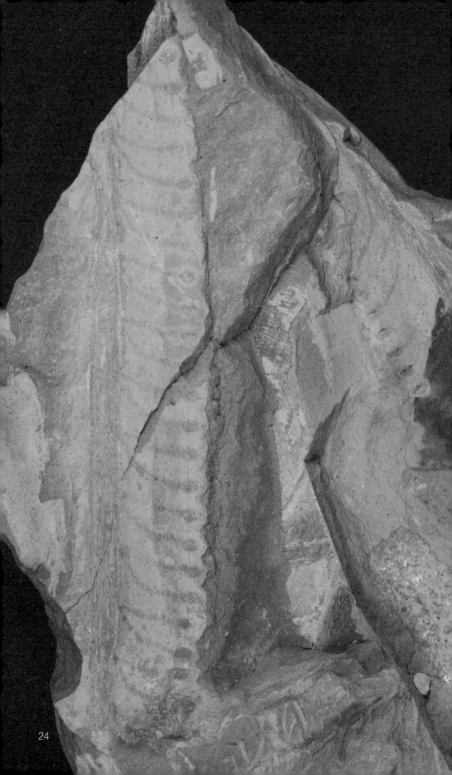

福建单网羊齿

Gigantonomia fukienensis

产地：福建龙岩

层位：童子岩组

时代：晚二叠世

采集者：李星学等

叉羽叶未定种 *Ptilozamites* sp.

产地：湖南资兴

层位：杨梅垅组

时代：晚三叠世

采集者：傅强

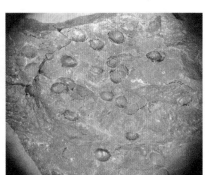

种子化石 Seed fossils

产地：湖南资兴

层位：杨梅垅组

时代：晚三叠世

采集者：傅强

三都哈氏囊

Harrisiothecium sanduense

产地：湖南资兴

层位：杨梅垅组

时代：晚三叠世

采集者：傅强

楔拜拉未定种 *Sphenobaiera* sp.

产地：湖南资兴

层位：杨梅垅组

时代：晚三叠世

采集者：傅强

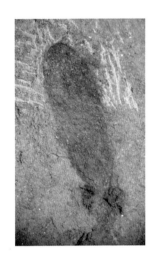

准苏铁果未定种 *Cycadocarpidium* sp.

产地：江苏句容宝华

层位：范家塘组

时代：晚三叠世

采集者：傅强

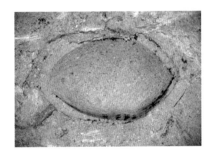

种子化石 Seed fossils

产地：新疆和什托洛盖

层位：八道湾组

时代：早侏罗世

采集者：傅强

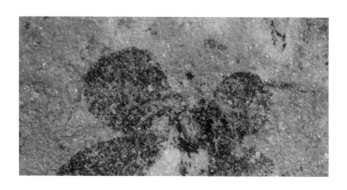

微小仙林叶 *Xianlinophyllum minutissimum*

产地：江苏南京仙林

层位：南象山组

时代：早侏罗世

采集者：傅强

树蕊南京花 *Nanjinganthus dendrostyla*

产地：江苏南京仙林

层位：南象山组

时代：早侏罗世

采集者：傅强

网脉蕨未定种

Dictyophyllum sp.

产地：江苏南京仙林

层位：南象山组

时代：早侏罗世

采集者：傅强

普通枝脉蕨

Cladophlebis vulgratis

产地：浏阳文家市

层位：高家田组

时代：早侏罗世

采集者：湖南省地质博物馆

特尔马叶未定种 *Tyrmia* sp.

产地：江苏南京仙林

层位：南象山组

时代：早侏罗世

采集者：傅强

新芦木未定种 *Neocalamites* sp.

产地：江苏南京仙林

层位：南象山组

时代：早侏罗世

采集者：傅强

拟带枝未定种
Taeniocladopsis sp.

产地：江苏南京仙林

层位：南象山组

时代：早侏罗世

采集者：傅强

披针苏铁杉 *Podozamites et gr. lanceolatus*

产地：浏阳文家市

层位：高家田组

时代：早侏罗世

采集者：湖南省地质博物馆

格子蕨未定种

Clathropteris sp.

产地：江苏南京仙林

层位：南象山组

时代：早侏罗世

采集者：傅强

楔拜拉未定种 *Sphenobaiera* sp.

产地：江苏南京仙林

层位：南象山组

时代：早侏罗世

采集者：傅强

似银杏 *Ginkgoites*

产地：江苏南京仙林

层位：南象山组

时代：早侏罗世

采集者：傅强

锥叶蕨未定种 *Coniopteris* sp.

产地：江苏南京仙林

层位：南象山组

时代：早侏罗世

采集者：傅强

黑河瑷珲果 *Aihuifructus heihensis*

产地：黑龙江黑河罕达气

层位：九峰山组

时代：早白垩世

采集者：傅强

异羽叶未定种

Anomozamites sp.

产地：辽宁

层位：义县组

时代：早白垩世

标本所在地：南京古生物博物馆

华梧桐 *Firmiana sinomiocenica*

产地：山东临朐山旺

层位：山旺组

时代：中新世

标本所在地：南京古生物博物馆

斜叶桑 *Morus asymmetrica*

产地：南京六合

层位：六合组

时代：中新世

采集者：李浩敏